theoretisches und practisches

# Handbuch

der

allgemeinen

# Fabrikenkunde

oder

Anleitung

zur

Kenntniß und Einrichtung

so wie zur ordnungsmäßigen

Verwaltung

der

wichtigsten Künste, Fabriken, Manufakturen und chemisch-technischen Gewerbe.

---

Von

Sigismund Friedrich Hermbstädt,

Königl. Preußischen Geheimen Rathe ꝛc.

---

Ersten Bandes erster Theil.

---

Berlin 1807.

Im Verlage der Realschulbuchhandlung.

# Anleitung

## zu einer gemeinnützigen Kenntniß der Natur, Fabrikation und Nutzanwendung des

# Essigs

## so wie der verschiedenen Arten desselben für Essigfabrikanten, Landwirthe und bürgerliche Haushaltungen, die sich ihren Bedarf an Essig selbst verfertigen wollen.

---

Von

Sigismund Friedrich Hermbstädt,

Königl. Preußischen Geheimen Rathe, wie auch Ober-Medizinal- und Sanitäts-Rathe ꝛc. Der Königl. Akademie der Wissenschaften, so wie auch der Gesellschaft Naturforschender Freunde in Berlin, und mehrerer Akademien und Societäten Mitgliede ꝛc.

---

Berlin 1807.

Im Verlage der Realschulbuchhandlung.

# Vorbericht.

Künste, Fabriken, Manufakturen und technische Gewerbe, in Verbindung mit dem Ackerbau, machen ohnstreitig die edelsten Erwerbsquellen der civilisirten Nationen, so wie der individuellen Bürger einzelner wohlgeordneter Staaten, aus. Ein rationeller Betrieb des Ackerbaues, die wahre Ackerbaukunst, ist die Grundlage zu allen denjenigen nützlichen Erwerbszweigen, die nicht bloß auf die Befriedigung des Luxus, sondern auch der unentbehrlichen Bedürfnisse der menschlichen Gesellschaft abzwecken.

Die Ackerbaukunst leitet die Natur in ihrer schaffenden Kraft, sie zwingt sie gleichsam, gerade diejenigen Erzeugnisse zu produciren, die den jedesmaligen Bedürfnissen der Menschen am nothwendigsten und angemessensten sind; und die mannigfaltigen Erzeugnisse, welche wir der Ackerbaukunst, in der weitläuftigsten Bedeutung des Wortes, verdanken, bietet den Künsten, den Fabriken, Manufakturen und technischen Gewerben, die rohen Stoffe zur veredelnden Bearbeitung dar, deren Produkte den Handel beleben, den Wohlstand ganzer Nationen so wie einzelner Familien begünstigen, und eine nie versiegbare Quelle der Zufriedenheit, für die bürgerliche Gesellschaft unterhalten.

Nichts kann aber des civilisirten Menschen würdiger seyn, als die Erwerbsquellen, welche ihm der vaterländische Boden eröffnet, nicht bloß zu seiner Bereicherung, sondern auch zu seinem intellectuellen Vergnügen zu benutzen, welches ihm denn dadurch gewähret wird, wenn derselbe die veredelnde Verarbeitung jener natürlichen Erzeugnisse des Bodens, nicht nach mechanischem Schlendrian, sondern nach rationellen Grundsätzen veranstaltet.

Die rationelle Erzielung der natürlichen Erzeugnisse des Erdreichs, so wie die rationelle veredelnde Verarbeitung derselben zu nützlichen Edukten und Produkten von größerm Werth, als das höchste Prinzip der Staatshaushaltungskunst, setzt ein eifriges Studium der gesammten Naturwissenschaft und ihrer einzelnen Zweige, besonders der Chemie, voraus: denn sie allein sind es, welche uns den zureichenden Grund von jedem einzelnen Phänomen entwickeln, das unsern Beobachtungen dargeboten wird.

Die Naturwissenschaft, und insbesondre der chemische Theil derselben, sollten daher die Grundlage ausmachen, auf welche beym ersten Unterricht jedes künftigen Staatsbürgers eine vorzügliche Rücksicht genommen wird, wenn jener einst dazu bestimmt seyn soll, dem Staate und seinen Unterthanen neue Erwerbsquellen zu eröffnen, die bestehenden zu erweitern, und das Glück der Unterthanen, so wie sein eigenes, zu begünstigen und zu befestigen: und dieses wird vorzüglich bei demjenigen heranwachsenden Staatsbürger der Fall seyn, der einst zum Financier, zum Kameralisten, zum Güterbesitzer, zum Domainenverwalter, zum Künstler, zum Fabrikanten, zum Manufakturisten bestimmt ist.

Nichts würde daher wohlthätiger seyn, als niedere und höhere Schulanstalten, mit Lehrstühlen für die theoretische und die angewandte Chemie zu begünstigen, und von Seiten des Staats dahin zu wirken, daß eine Papiniere zur Bildung solcher Männer unterhalten würde, die nicht bloß Theoretiker, sondern auch vollkommene Praktiker sind, um aus ihnen jene Lehrstellen besetzen zu können.

Daß der Lehrer einer Erfahrungswissenschaft, wie es die Chemie ist, nicht bloß in ihrer Theorie, sondern auch in ihrer Ausübung gründlich und vollständig geübt seyn muß, ist um so nothwendiger, wenn nicht der Lernende den Gegenstand, welcher gelehret wird, bloß als ein Spiel seines Verstandes, sondern als ein höheres Prinzip zu betrachten gewöhnet werden soll, aus welchem derselbe künftighin als aus einer unversiegbaren Quelle zum Wohl des Vaterlandes schöpfen soll.

Allein, nicht bloß der künftige Financier, der Kameralist und der Oekonom ist es, welcher das Studium der Naturwissenschaften und das der Chemie insbesondere bedarf, auch jedem Künstler, jedem Gewerbstreibenden Bürger sind jene Kenntnisse unentbehrlich, welches Fach derselbe auch zur Quelle seines Unterhalts gewählt haben mag.

Durch gereinigte Grundsätze der Naturwissenschaft geleitet, werden seine Begriffe geordnet, seine Ansichten von den Gegenständen außer ihm berichtiget; und das Endresultat hievon kann nur auf Veredlung und Vervollkommnung der Produkte seines Fleißes hinwirken: denn auch viele technische Gewerbe, die Brodbäckerey, die Bierbrauerey, die Brandweinbrennerey, die Seifensiederey und viele andere, stehen in so enger Beziehung mit der Chemie, daß die Resultate ihrer Ausübung, wenn diese auf die Grundsätze der Chemie gestützt war, immer der Vollkommenheit näher stehen.

Wird es einstens dahin kommen, daß man, überzeugt von der Richtigkeit dieser Ansichten, die chemischen Zweige der gesammten Naturwissenschaft, in theoretischer und praktischer Hinsicht, zu einem vorzüglichen Gegenstande des ersten Unterrichtes für die gebildete Jugend macht, daß man sie als unentbehrliche Vorbereitungswissenschaften zum künftigen Geschäftsleben betrachtet: dann darf man hoffen, daß die jetzt so häufig vorkommende Geheimnißkrämerey verschwinden, daß unsre Fabriken, Manufakturen, so viele auf rationelle Principien gestützte technische Gewerbe, sich sehr bald auf einen Gipfel der Vollkommenheit emporschwingen werden, der selbst unsre kühnsten Erwartungen befriediget.

Jenes mag allerdings einer künftigen Generation vorbehalten seyn; ich kann die Folgen davon zwar ahnden, ich kann sie aber nicht erleben! Bey alledem wünsche ich aber auch jetzt schon, so viel in meinen Kräften stehet, dazu beizutragen, daß die gegenwärtig bestehenden Künste, Fabriken, Manufakturen und technischen Gewerbe, auf denjenigen Grad der Vollkommenheit emporgehoben werden mögen, den sie anzunehmen fähig sind; und dieser Wunsch enthält den zureichenden Grund und die erste Veranlassung zur Ausarbeitung des gegenwärtigen Werks, das einer allgemeinen rationellen Abhandlung der oben genannten Objecte, zum Gegenstande hat.

Ueberzeugt, daß die Entreprenneurs solcher Fabrikanstalten, deren Produkte von chemischen Kräften abhängig sind, nur dann etwas Vorzügliches zu produciren vermögend seyn werden, wenn sie sich mit den Elementarprinzipien der Chemie bekannt und vertraut machen, werde ich mich nicht dabey begnügen, die besten Verfahrungsarten zur Fabrikation bestimmt und deutlich anzugeben, sondern ich werde auch bemühet seyn, die rationellen Gründe zu enthüllen, auf welche die Erfolge sich stützen, und aus welchen sie richtig übersehen und beurtheilt werden können.

Ich habe mit der Essigfabrikation den Anfang gemacht, und ihr sollen nun mehrere Zweige des gesammten Fabrik- und Manufakturwesens nachfolgen: ja, nicht nur größere und weitläuftigere Anstalten werden Gegenstände meiner Bearbeitung ausmachen, auch kleinere Künste und technische Gewerbe sollen in diesem Buche einen Platz finden, insofern selbige nur irgend eine wissenschaftliche Bearbeitung anzunehmen fähig sind. Ich werde Gelegenheit finden, nach und nach neue Erwerbsquellen in diesem Buche zu entwickeln, welche, ohne eine kostspielige Anlage zu bedürfen, lucrativ genug sind, um einer Familie den jährlichen Unterhalt von tausend bis funfzehnhundert Thaler zu gewähren.

Ich hege zugleich eine andere, und wie ich mir schmeichle, nicht unedle Absicht dabei, nehmlich die, Geheimnißkrämerey zu verdrängen, und den ihr zum Grunde liegenden Charlatanismus zu unterdrücken. Die Zahl der Charlatans, Geheimnißkrämer und Betrüger, welche sich herumtreiben, um manchem ehrlichen Mann, gegen den Verkauf eines angeblichen Geheimnisses, sein rechtlich erworbnes Eigenthum abzulocken, ist fast unbegrenzt: ich werde Gelegenheit haben zu beweisen, daß die Ankündigungen, welche sie deshalb so oft in öffentlichen Blättern von ihren Wunderkünsten machen, keine Geheimnisse sind, daß nichts als Sachkenntniß und gesunder Verstand dazu gehören, jene angeblichen Geheimnisse zu enthüllen.

Ich lasse dieses Buch unter einem zwiefachen Titel erscheinen, wovon denn der Haupttitel jedem vollständigen Bande, der aus zwey Abtheilungen bestehen soll, der Nebentitel aber jedem einzelnen Hefte angehört, und werde diese Anordnung in der Folge beybehalten. Sollte ich durch die Ausarbeitung dieses Werks kein unnützes Unternehmen begonnen haben, so wird mir dieses die angenehmste Belohnung für meine darauf verwendete Mühe seyn.

Berlin,
den 1. März 1807.

Hermbstädt.

# Inhaltsverzeichniß.

## Vierter Abschnitt.



## Fünfter Abschnitt.



## Sechster Abschnitt.

## Siebenter Abschnitt.



## Achter Abschnitt.



## Neunter Abschnitt.



## Zehnter Abschnitt.

## Eilfter Abschnitt.



## Zwölfter Abschnitt.



## Dreyzehnter Abschnitt.



## Vierzehnter Abschnitt.



## Funfzehnter Abschnitt.

## Sechzehnter Abschnitt.



## Siebenzehnter Abschnitt.

## Achtzehnter Abschnitt.

# Verbesserungen.

| §. | Zeile. | | |
|---|---|---|---|
| 33. | 2. | statt | bindenden lese man bindende. |
| 36. | 6. | — | wolche l. m. welche. |
| 36. | 8. | — | disponirt l. m. disponiren. |
| 37. | 2. | — | welcher l. m. welchen. |
| 39. | 4. | — | eben l. m. aber. |
| 43. | 5. | — | Gesichtspunkte l. m. Gesichtspunkte betrachten. |
| 44. | 5. | — | ihren l. m. ihrer. |
| 45. | 7. | — | Gahrung l. m. Gährung. |
| 48. | 5. | — | entziehen l. m. entziehen, sie vor der Fäulniß schützen. |
| 49. | 7. | — | unterwirft l. m. unterwerfen. |
| 64. | 2. | — | seifenartige l. m. fremdartige. |
| 65. | 6. | — | der l. m. seiner. |
| 72. | 3. | — | deren l. m. davon. |
| 75. | 5. | — | der Fermentation der l. m. der fermentirenden Flüssigkeit. |
| 77. | 6. | — | Göscht l. m. Gäscht. |
| 78. | 11. | — | auszumachen l. m. abzuweichen. |
| 97. | 3. | — | 27 Procent l. m. 21 Procent. |
| 97. | 3. | — | 73 Procent l. m. 79 Procent. |
| 97. | 9. | — | und l. m. wird. |
| 98. | 5. | — | der l. m. den. |
| 104. | 8. | — | ihn l. m. ihm. |
| 112. | 6. | — | derselben l. m. denselben. |
| 117. | 1. | — | als in l. m. als ein in. |
| 121. | 5. | — | jüngste l. m. früheste. |
| 122. | 5. | — | Cadiva l. m. Cedria. |
| 136. | 2. | — | müßte l. m. mußte. |
| 136. | 4. | — | müßte l. m. mußte. |
| 136. | 5. | — | durch rotirende l. m. durch die rotirende. |
| 138. | 3. | — | dem l. m. den. |
| 138. | 3. | — | Versuche l. m. Versuchen. |
| 154. | 7. | — | den l. m. die. |
| 159. | 5. | — | den l. m. die. |
| 159. | 6. | — | Theilen l. m. Theile. |
| 162. | 2. | — | der l. m. sehr. |
| 195. | 3. | — | der Zucker l. m. auch der Zucker. |
| 213. | 5. | — | englischen l. m. englischem. |
| 216. | 1. | — | Kannn l. m. Kann. |
| 232. | 4. | — | Wassertheilchen l. m. Massentheilchen. |
| 233. | 4. | — | davon l. m. daran. |
| 254. | 1. | — | Lauen l. m. Lauer. |
| 264. | 8. | — | und l. m. um. |
| 268. | 6. | — | Ist l. m. ist. |
| 282. | 3. | — | den l. m. dem. |
| 292. | 3. | — | sich l. m. sie. |
| 300. | 11. | — | welcher l. m. welchen. |
| 350. | 10. | — | innern l. m. innerem. |

| §. | Zeile. | | |
|---|---|---|---|
| 378. | 2. | statt | denn lese man dann. |
| 379. | 6. | — | welcher l. m. welchen. |
| 393. | 8. | — | Gehalt trocknen l. m. Gehalt des trocknen. |
| 458. | 4. | — | ich l. m. und. |
| 480. | 7. | — | geschickt l. m. geschickt ist. |
| 482. | 10. | — | welcher l. m. welche. |
| 489. | 7. | — | einen l. m. einem. |
| 500. | 3. | — | von l. m. vor. |
| 537. | 6. | — | sogenannte l. m. sogenannter. |
| 543. | 1. | — | selbigen l. m. selbiger. |
| 560. | 7. | — | langen etwas l. m. langen mit etwas. |
| 562. | 5. | — | Sie können l. m. Man kann sie. |
| 562. | 8. | — | werden l. m. werden, unterscheiden. |
| 577. | 2. | — | nach l. m. in. |
| 585. | 3. | — | derselben l. m. denselben. |
| 588. | 3. | — | den l. m. der. |
| 589. | 6. | — | vielen l. m. vieler. |

Seite 240. muß der Custos Regi= weggestrichen werden.

# Anleitung
## zu einer gemeinnützigen Kenntniß
## der
# Natur, Fabrikation und Nutzanwendung des Essigs,
## so wie der verschiedenen Arten desselben.

---

## Einleitung.

### §. 1.

In der allgemeinern Bedeutung des Wortes wird mit dem Namen **Essig** jede saure Flüssigkeit bezeichnet, welche durch den Effekt der sauren Gährung gebildet worden ist.

### §. 2.

Hierdurch unterscheidet sich der Essig in Hinsicht seiner Erzeugung von jeder andern bekannten Säure, da außer ihm keine derselben ein Produkt der sauren Gährung ausmacht, sondern eine Jede derselben auf andern Wegen hervorgebracht wird.

### §. 3.

Der Essig ist indessen nichts weniger als eine reine oder einfache Saure, sondern er macht eine gemengte Flüssigkeit aus, die, außer vielem Wasser, Schleim und Zuckertheilen, auch mehrere verschieden geartete Pflanzensäuren einverleibt enthält, unter welchen aber diejenige, die die specifike Natur des Essigs bestimmt, den vorwaltenden Antheil ausmacht.

§. 4.

Diese letztere Säure im Essig, wird aus eben dem Grunde Essigsäure genannt, und sie allein ist es auch, welche den wirksamen Bestandtheil im Essig, und in jeder Art desselben ausmacht, und welcher daher der eigenthümliche Karakter zugeschrieben werden muß, durch den sich der Essig von jeder andern vegetabilischen oder mineralischen Säure auszeichnet.

§. 5.

Jene wahre Essigsäure kann allerdings auch, ohne Hülfe der sauren Gährung, auf andern Wegen erzeugt und zusammengesetzt werden, wenn diejenigen Elemente unter den angemessenen quantitativen Verhältnissen auf eine künstlichere Art mit einander in Mischung gesetzt werden, welche die Wirkung der Natur bey der sauren Gährung weingahrer Flüssigkeiten zu vereinigen weiß: aber es bleibt immer bloß Essigsäure, die mit dem ganzen Essig nicht verwechselt werden darf.

§. 6.

Werfen wir einen Blick auf die Natur derjenigen Substanzen, welche durch den Effekt der sauren Gährung Essig zu erzeugen vermögend sind, so erscheinen uns als solche alle diejenigen, deren natürliche Gemengtheile in Zucker, Schleim, Gummi oder mehlartigem Wesen bestehen: wir finden solche also vorzüglich unter den Produkten des Pflanzenreichs, obschon, wie späterhin gezeigt werden soll, auch einige Produkte des Thierreichs zur Erzeugung des Essigs geeignet sind.

§. 7.

Die Erfahrung lehret indessen, daß alle diejenigen Substanzen, welche Essig zu bilden geschickt sind, zweyerley Arten der Gährung einzugehen vermögen, eine weinigte und eine saure, wovon die leztere diejenige ausmacht, welche den Uebergang jener Substanzen in Essig bestimmet.

§. 8.

Um indessen dasjenige Phänomen aus einem richtigen Gesichtspunkte zu fassen, welches Fermentation oder Gährung überhaupt genannt wird, und das den zureichenden Grund enthält, aus dem die Veränderungen erklärt und beurtheilt werden müssen, welche die zuckerartigen, schleimigen und mehlartigen Substanzen erleiden, wenn sie unter den angemessenen Bedingungen sich selbst überlassen werden, so dürfen wir die entfernten Elemente oder Mischungstheile derselben nicht aus den Augen verlieren.

§. 9.

Jene einfachere Elemente oder Mischungstheile, und ihre Wechselwirkung gegen einander, welche sie ausüben, um sich aus ihren vorhandenen Mischungen zu entwickeln, und neue Mischungen zu bilden, sind es vorzüglich, die uns bekannt seyn müssen, wenn wir im Stande seyn wollen die aus jenen Wechselwirkungen hervorgehenden Resultate mit Zuverlässigkeit zu beurtheilen.

§. 10.

Bevor wir daher jene Erfolge der verschiedenen Fermentationsarten einer Erörterung unterwerfen, wird es nöthig seyn, die einfachern und gemischtern Materien zu analysiren, welche die wesentlichen Bedingungen derselben ausmachen.

§. 11.

Die Chemie oder Mischungskunde, der wir allein die nähere Kenntniß und Ausmittelung jener Elemente verdanken, hat sie mit auszeichnenden und ihren producirenden Kräften angemessenen Namen belegt, die dazu geeignet sind, sie von einander zu unterscheiden, die Erfolge ihrer Wechselwirkung richtig zu bezeichnen, so wie die Ursachen derselben mit einem hohen Grade von Zuverläßigkeit zu entwickeln.

§. 12.

Als Nomenclatur derjenigen Elemente, welche uns als bildende Prinzipia der vegetabilischen Erzeugnisse erscheinen, kennen wir gegenwärtig den Sauerstoff, den Wasserstoff, den Kohlenstoff, den Stickstoff, den Wärmestoff und den Lichtstoff: sie machen sämmtlich Wesen aus, die keiner isolirten Darstellung fähig sind, weil, vermöge der allgemein existirenden und ewig wirksamen Anziehungskraft in der Natur, sie ein stetes Bestreben nach Mischung äußern; und deren Existenz daher nur allein aus den Produkten ihrer Mischung erkannt und beurtheilt werden kann.

§. 13.

Insofern ich indessen, wenigstens nicht allgemein voraus setzen darf, daß diejenigen Leser, für welche ich schreibe, mit den eben genannten Elementen hinreichend bekannt sind, und ich bey alledem wünsche, daß man neben den praktischen Vortheilen, auch einen rationellen Nutzen aus meiner Darstellung abstrahiren möge, so werde ich, in soweit solches zur allgemeinen Kenntniß jener Elemente nothwendig ist, solche nach ihren Qualitäten hier näher entwickeln und beschreiben.

## Sauerstoff.

### §. 14.

Mit dem Namen Sauerstoff (auch Oxygen, Säurezeugenden Stoff und säurenden Grundstoff), wird ein Element eigener Art bezeichnet, dessen vorzüglichste Qualität darin gegründet ist, daß solches, in der innigsten Verbindung mit andern dazu geeigneten Elementen oder den Produkten ihrer Mischung, diejenige Art von Erzeugnissen hervorbringt, die man saure Salze oder Säuren nennt, und welche, ohne die Gegenwart jenes Elements in ihnen, nicht existiren würden.

### §. 15.

Da der Sauerstoff ein Element ist, und aus dem Grunde niemals für sich isolirt dargestellt werden kann, so müssen wir uns begnügen, dessen Daseyn aus den Produkten seiner Mischung zu erkennen und zu beurtheilen.

### §. 16.

Als bildendes Element erkennen wir die Existenz des Sauerstoffs: 1) im Sauerstoffgas, in welchem derselbe mit Wärmestoff vereinigt ist; 2) im reinsten Wasser, welches derselbe in seiner Mischung mit dem Wasserstoff erzeugt; 3) in den sauren Salzen oder den Säuren, die durch dessen Mischung mit den verschiedenen säurefähigen Basen gebildet werden: wobey ich der mannigfaltigen andern Produkte seiner Mischung nicht gedenken will, die wir unter den Gegenständen der mineralischen und animalischen Erzeugnisse so reichlich und ungesucht wahrnehmen.

## Wasserstoff.

### §. 17.

Mit dem Namen Wasserstoff (auch Hydrogen und Wasserzeugender Stoff) wird ein andres specifikes Element bezeichnet, dessen hervorstechende Qualität darin bestehet, in der innigsten Mischung mit dem Sauerstoff, und unter dem quantitativen Verhältniß wie 15 zu 85 den ponderablen Theil des reinsten Wassers zu erzeugen, der erst durch den Beytritt des Wärmestoffs seine liquide Form annimmt.

### §. 18.

Der Wasserstoff ist indessen so wenig wie der Sauerstoff für sich darstellbar; er findet sich aber als ein bildendes Prinzipium im Alkohol, in den Oelen, und in sehr vielen andern Produkten des Pflanzenreichs. Im reinsten Zustande erkennen wir den Wasserstoff luftförmig, als Wasserstoffgas, welches ein Produkt der Mischung aus Wasserstoff und Wärmestoff, wahrscheinlich auch Lichtstoff ausmacht, und wegen seiner Entzündlichkeit in der Vermengung mit atmosphärischer Luft, wenn das Gemenge einem brennenden Lichte genähert wird, auch unter dem Namen brennbare Luft bekannt ist.

## Kohlenstoff.

### §. 19.

So nennt man dasjenige Prinzipium in jeder Art Kohle, welchem sie ihre schwarze Farbe so wie die Fähigkeit verdankt mit einem glimmenden Schein zu verbrennen, und sich bis auf eine unentzündliche farbenlose Asche zu verzehren. Der Kohlenstoff macht also das Kohlezeugende Element aus, ohne dessen Daseyn in irgend einer organischen Substanz, solche nicht geeignet seyn würde, nach dem Ausglühen in verschloßnen Räumen, die Form der Kohle anzunehmen.

### §. 20.

Aber auch der Kohlenstoff ist keiner isolirten Darstellung fähig, sondern auch dieses Element kann nur aus den Produkten seiner Mischung mit andern Elementen erkannt werden. Selbst als schwarzfärbendes Prinzipium in der Kohle, ist der Kohlenstoff schon mit Lichtstoff gemischt. Mit dem Wasserstoff erzeugt er Oel, und mit dem Sauerstoff Kohlenstoffsäure, welche sich während dem Brennen der Kohle beym Zutritt der atmosphärischen Luft oder des Sauerstoffgases, aus der Mischung des Sauerstoffes mit dem Kohlenstoff erzeugt, und luft- oder gasförmig, in den Dunstkreis übergeführt wird.

## Stickstoff.

### §. 21.

Mit dem Namen Stickstoff (auch Salpeterstoff und Azote) wird ein eigenthümliches Element bezeichnet, das ein bildendes Prinzipium vieler vegetabilischer Erzeugnisse, in allen animalischen Substanzen aber ohne Unterschied einen zu ihrer Existenz unumgänglich nothwendigen Bestandtheil ausmacht, und bey deren Zerstöhrung, sie geschehe durch eine von selbst erfolgende Veränderung ihrer Grundmischung, der durch eine künstliche Einwirkung, im luft- oder gasförmigen Zustande abgesondert wird.

§. 22.

In einem solchen luftförmigen Zustande ist der Stickstoff durch den Wärmestoff zur Gasform ausgedehnt, und das Produkt dieser Mischung wird nun Stickstoffgas (auch Salpeterstoffgas) genannt: ersteres aus dem Grunde, weil jene Gasart dem thierischen Leben tödtlich ist, weil lebende Thiere augenblicklich darin ersticken; letzteres aus dem Grunde, weil die ponderable Grundlage jener Gasart, nemlich der Stickstoff, in der Mischung mit vier Theilen Sauerstoff, die Salpetersäure erzeugt.

## Lichtstoff.

§. 23.

Auch der Lichtstoff ist ein eigenthümliches Element der Körperwelt, und zwar dasjenige, welches die Grundlage zur Erzeugung des Lichtes ausmacht, das aus der neutralen Mischung jenes Elements mit dem Wärmestoff erzeugt, und in der Form des Lichtes als leuchtendes Fluidum fortgeleitet wird.

§. 24.

Das Licht ist indessen nicht die einzige Verbindung, in welcher der Lichtstoff gefunden wird, er macht auch einen Mischungstheil aller derjenigen entzündlichen Substanzen aus, deren Phänomen der Verbrennung mit einer Absonderung des Lichts begleitet ist, sie mögen liquide oder concret seyn: er findet sich also in der Kohle, im Alkohol, in den Oelen, im Zucker und in sehr vielen andern Substanzen.

## Wärmestoff.

§. 25.

So nennen wir dasjenige eigenthümliche Element in der Natur, welches in dem Augenblick seiner unsichtbaren Entwicklung aus andern Materien sich mit einer fast unendlichen Schnelligkeit nach allen Richtungen ausbreitet, und bey seiner Einwirkung auf die empfindbaren Organe unsers Körpers, diejenige Ausdehnung und Spannung in ihnen veranlasset, die wir, nach den verschiedenen Graden ihres Effekts, bald Wärme bald Hitze zu nennen gewohnt sind. Der Wärmestoff ist also die erzeugende Ursache der Wärme, und diese ist eine Wirkung des erstern.

§. 26.

Der Wärmestoff ist daher das Element der Wärme; aber er ist an sich selbst weder warm noch heiß: sondern die Empfindung der Wärme, welche wir durch sein Einströhmen in unsern Körper wahrnehmen, ist eine Folge der durch ihn veranlasseten Ausdehnung und Spannung.

§. 27.

Eine gleiche Ausdehnung übt der Wärmestoff auch dann aus, wenn selbiger mit andern nicht organischen Materien in Adhäsion tritt; und wir erkennen alsdann sein Daseyn in ihnen, einerseits durch die dadurch bewirkte Vergrößerung ihrer Volums, andrerseits aber aus der dadurch vermehrten Temperatur jener Substanzen, die mittelst des Thermometers geschätzt werden kann.

## §. 28.

Wenn daher der Wärmestoff mit irgend einer Substanz bloß in Adhäsion tritt, ohne damit eine chemische Mischung einzugehen, dann erhebt er ihre Temperatur und vergrößert ihren Umfang, ohne ihre Masse zu vermehren. So erkennen wir sein Daseyn im siedenden Wasser, in den Dämpfen und in allen erhitzten Substanzen. Sind solche nicht von organischer Beschaffenheit, so nehmen sie nach der Entweichung des Wärmestoffes aus ihnen, ihren vorigen Zustand unverändert wieder an.

## §. 29.

Sind sie aber von organischer Beschaffenheit, so wird ihre Grundmischung bey der zunehmenden Hitze verändert, und sie können nicht wieder in den vorigen Zustand zurückgeführt werden. So verdickt sich der in der Hitze gebildete Wasserdampf in der Kälte wieder zu Wasser; aber gebratenes Fleisch und gebratenes Obst können nicht wieder ungebraten gemacht werden.

## §. 30.

Tritt aber der Wärmestoff mit dergleichen Substanzen nicht bloß in Adhäsion, geht derselbe vielmehr damit eine wahre Mischung ein: dann läßt sich sein Daseyn in ihnen, so wenig durch das Gefühl als durch das Thermometer erkennen und beurtheilen.

## §. 31.

Da aber der Wärmestoff die allgemeine Ursache aller flüssigen Formen in der ganzen Natur ausmacht, und ohne dessen Daseyn weder eine gasförmige noch eine tropfbare Flüssigkeit existiren könnte, sondern alles sich in einem Zustande der Erstarrung befinden würde: so dienen jene verschiedenen Formen der Flüssigkeiten dazu, uns vom Daseyn des Wärmestoffes in ihnen zu überzeugen.

§. 32.

So enthalten die Luft und das liquide Wasser, selbst dann, wenn sie auf unsern Körper die Empfindung eines hohen Grades von Kälte veranlassen, dennoch eine bedeutende Quantität Wärmestoff, der darin mit der concreten Grundlage zum flüssigen Stoff gemischt ist.

§. 33.

Finden dergleichen Wärmestoff haltige Materien aber Gelegenheit, die den Wärmestoff bindenden Basis an eine andre Substanz abzusetzen, die damit in größerer Anziehung steht: dann wird der Wärmestoff wieder daraus in Freyheit gesetzt, und er erregt eine Erhöhung der Temperatur: Ein Erfolg der unter den Phänomenen der Fermentation sehr häufig beobachtet wird.

§. 34.

Wenn gleich die hier beschriebenen Elemente bey weitem noch nicht alle diejenigen sind, deren die Natur sich bedient, um die mannigfaltigen Produkte ihrer Schöpfung zu bilden, so machen sie doch die wichtigsten von denjenigen aus, die wir als entferntere bildende Bestandtheile im Pflanzenreiche antreffen, und die daher, zur nähern Kenntniß und Beurtheilung, der weiterhin zu erörternden Gegenstände hinreichend sind.

§. 35.

Zwar können jenen Elementen allenfalls noch der Phosphorstoff und der Schwefelstoff zugefügt werden, da dieselben, sey es als Produkte oder als Edukte bey der faulen Fermentation häufig vorzukommen pflegen, und einige dieselben begleitende Phänomene von jenen Elementen allein abhängig zu seyn scheinen; es wird indessen hinreichend seyn, ihrer nur am gehörigen Orte weiter zu gedenken.

§. 36.

Jene Elemente sind es, deren sich die Natur bedient, um durch ihre Mischung unter verschiedenen quantitativen Verhältnissen, diejenigen Gemengtheile und nähern Bestandtheile zu erzeugen, in welche die gährungsfähigen Produkte des Pflanzenreichs zergliedert werden können; und eben sie sind es auch, welche durch das ihnen inhärirende Bestreben nach Wechselwirkung, jene schon gemischten Substanzen, zur Veranlassung derjenigen Phänomene disponirt, welche sich unsrer Beobachtung während den verschiedenen Perioden der Fermentation darbieten.

§. 37.

Die Gemengtheile und nähern Bestandtheile der gährungsfähigen Vegetabilien, von welcher hier nur allein die Rede ist, bestehen 1) in Zucker und Schleimzucker; 2) in Gummi und Schleim; 3) in Mehl; 4) in Weinsteinsäure, in Citronensäure, in Aepfelsäure und in Kleesäure; 5) in Weinstein; 6) in Wasser. Man könnte noch dasjenige Wesen hinzusetzen, was in den Obst- und Beerenfrüchten den balsamischen Geruch und Geschmack veranlasset, wenn solches nicht eine Nebensache wäre, die auf den Gang der Operationen und ihre Erfolge, welche durch die anderweitigen Gemengtheile veranlasset und unterhalten werden, gar keinen Einfluß hat.

§. 38.

Jedes einzelne der vorher erörternden Gemengtheile, ist ein zusammengesetztes für sich bestehendes Ganzes, ein Produkt der Mischung der früher beschriebenen einfachern Elemente. Jedes Einzelne ist beynahe aus denselben Elementen produzirt; aber das unterschiedene quantitative Verhältniß, unter welchem diese Elemente in jedem individuellen Produkte ihrer Mischung mit einander verbunden sind, um solches zubilden, bestimmt seine Form so wie die übrigen dasselbe auszeichnenden Merkmale.

§. 39.

So sind der Kohlenstoff, der Sauerstoff, der Wasserstoff und der Lichtstoff die bildenden Elemente des Zuckers, des Gummi, des Schleims und des Mehls; in jedem einzelnen dieser Materien ist eben das quantitative Verhältniß seiner bildenden Elemente verschieden. Der mehlartige Gemengtheil der Getraidearten enthält überdies gemeiniglich auch noch Stickstoff; und die den meisten Getraidearten inhärirende Colla, enthält auch noch Phosphorstoff und Schwefelstoff.

§. 40.

Eben so sind die unter den Gemengtheilen der Pflanzenprodukte aufgezeichneten Pflanzensäuren, vom Zucker so wie von den übrigen Materien, bloß durch ein größeres Verhältniß des darin gebundenen Sauerstoffs verschieden; aber der Weinstein ist ein aus der eigenthümlichen Weinsteinsäure und Kali zusammengesetztes Salz, in welchem ein Theil der Säure gegen das Kali vorwaltend ist.

§. 41.

So wie die gährungsfähigen Produkte des Pflanzenreichs den einen oder den andern, der vorher gedachten Gemeng- oder Bestandtheile mehr oder weniger vorwaltend enthalten, je nachdem sind solche auch mehr oder weniger geschickt die Fermentation zu veranlassen und solche zu unterhalten.

§. 42.

Am geschicktesten zur Fermentation sind aber vorzüglich diejenigen, welche reich an Zucker und Schleimzucker sind, wie die Säfte der süßen Obst- und Beerenfrüchte und der Weintrauben; ferner der Honig, die zuckerreichen Wurzelgewächse und endlich der reine im Wasser gelöste Zucker.

§. 43.

Die nähere Erkenntniß der Grundmischung jener Substanzen, so wie die davon abhängende Wechselwirkung ihrer bildenden Elemente, welche wir den Bemühungen der Chemiker verdanken, setzt uns in den Stand, dasjenige aus einem richtigen Gesichtspunkte, worauf diejenigen Veränderungen in der Grundmischung derselben gestützt sind, die sie durch die Fermentation erleiden, und zu deren nähern Betrachtung wir uns nun wenden wollen.

# Erster Abschnitt.

## Von der Gährung überhaupt; und von der Weingährung, der Essiggährung, und der faulen Gährung insbesondre.

---

## Erste Abtheilung.

### Weingährung, geistige Gährung.

§. 44.

Es ist eine allgemein bekannte Erfahrung, daß die reifen Obst- und Beerenfrüchte, wenn solche an einem temperirten Orte aufbewahrt werden, eine von selbst erfolgende Veränderung ihrer Grundmischung erleiden; sie werden dadurch ihren vorigen Eigenschaften, ihrer Form, ihres Geschmacks und ihres Geruchs allmählig immer mehr beraubt, bis sie endlich in einen völligen Zustand der Zerstöhrung übergehen.

§. 45.

Jene Veränderungen, welche sie nur in einem solchen Zustande erleiden, wenn die Activität ihrer Lebenskraft vernichtet ist, ist auf ein Bestreben ihrer Elemente gegründet, sich aus ihren frühern Verbindungen zu trennen, und in neue Mischungen zu vereinigen; und dieser Erfolg, der ohne Mitwirkung der Kunst statt findet, ist es, welcher mit dem Namen Fermentation oder Gährung bezeichnet wird.

## §. 46.

Die Gegenwart der gährungsfähigen Gemengtheile in den Produkten des Pflanzenreichs, ist indessen nicht allein hinreichend, den Erfolg der Fermentation wirklich zu veranlassen, es werden vielmehr noch einige andre nothwendige Bedingungsmittel dazú erfordert, ohne welche eine wahre Fermentation nie erfolgen würde.

## §. 47.

Zu jenen Bedingungen gehören vor allen Dingen; a) das Daseyn einer hinreichenden Quantität wäßriger Feuchtigkeit, welche die gährungsfähigen Stoffe gelöst hält; b) ein hinreichender Grad der Temperatur, der jedoch den 18 bis 20 Grad der Reaumürschen Thermometer Skale nicht übersteigen darf.

## §. 48.

Gänzliche Abwesenheit der Feuchtigkeit, schützt die gährungsfähigen Substanzen vor dem Erfolg der Fermentation; daher wir süße Obst- und Beerenfrüchte, indem wir ihnen die wäßrigen Gemengtheile durchs Austrocknen entziehen. Im bürgerlichen Leben bedient man sich daher des Austrocknens jener Früchte, um sie dadurch vor der Verderbniß zu schützen.

## §. 49.

Anders ist dagegen das Verhalten jener Substanzen, wenn ihre Struktur aufgehoben und das System ihrer Saftgefäße zerrissen wird: denn wenn wir den Saft daraus auspressen, ihn von den Hülsen und den faserigen Theilen trennen, und solchen hierauf, sey es für sich oder mit Wasser verdünnt, in leicht verschloßnen Gefäßen, der erforderlichen Temperatur unterwirft, so wird ihre Grundmischung wesentlich verändert.

§. 50.

Die Veränderungen, welche wir alsdann in jenen Säften wahrnehmen, bestehen im Folgenden: sie gerathen in eine innere Bewegung; ihre Temperatur übersteigt die der äußern sie umgebenden Luft; es erheben sich Luftblasen in der Flüssigkeit; es sondern sich flockige Theile daraus ab, die schwimmend darin erhalten werden; es bildet sich ein Schaum auf der Oberfläche, der einen stechend sauren Geruch ausstößt; und es wird ein gasförmiges Fluidum mit merklichem Geräusch daraus entwickelt.

§. 51.

Jene Phänomene dauern, nach Verhältniß der kleinern oder größern Masse, mehrere Stunden oder auch mehrere Tage fort. Endlich vermindert sich die innere Bewegung, die flockigen Theile sinken zu Boden, der Schaum legt sich, die Flüssigkeit klärt sich auf, ihr voriger zuckerartiger Geschmack ist meist verschwunden, und ein angenehmer weinartiger Geruch und Geschmack, ist nun ein neuer Karakter, wodurch jenes Fluidum sich auszeichnet.

## Weingährung. Geistige Gährung.

§. 52.

Wenn die so gebildete Flüssigkeit vom Bodensatz abgezogen, und in damit völlig gefülleten, auch wohl verschlossenen Gefäßen an einem kühlen Orte aufbewahrt wird, so klärt sie sich immer mehr zu einem weinartigen wohlschmeckenden Getränk auf: sie bildet nun einen wirklichen Wein.

§. 53.

So verhalten sich die frisch gepreßten Säfte aller Obst- und Beerenfrüchte ohne Unterschied, und so auch der Weinmost, wenn derselbe einer gleichen Behandlung unterworfen wird: sie fermentiren von selbst ohne weitern Zusatz, und ändern sich in Wein um, der, wenn derselbe einige Jahre in wohlverschloßnen Fäßern aufbewahrt wird, sich immer mehr verbessert, und sich zum brauchbaren Getränk umändert.

§. 54.

Anders verhält sich aber der reine Zucker, wenn solcher, in sechs Theilen Wasser gelöst, bey einer Temperatur von 18 bis 20 Grad Reaumür sich selbst überlassen wird. Diese Auflösung des Zuckers hält sich sehr lange ohne erfolgende Veränderung; und es ist nothwendig Hefe oder ein andres Ferment zuzusetzen, wenn eine Fermentation darin anfangen und fortgehen soll. Es ist daher sehr wahrscheinlich, daß der Mangel an Schleimtheilen im reinen Zucker, jene Auflösung vor der Gährung schützt.

§. 55.

Mehlartige Substanzen, wie die gemalzten und nicht gemalzten Getraidearten, müssen verkleinert und mit heißem Wasser extrahirt werden, wenn die lösbaren Gemengtheile derselben zur Fermentation disponirt werden sollen.

§. 56.

Aber auch diese Aufgüsse erfordern einen Zusatz von Hefe, um die Fermentation darin zu veranlassen und zu unterhalten. Wenn solche aber einmal vollendet ist, so stellt das gegohrne Fluidum ein sehr genießbares Getränk dar, das nun eine bierartige Beschaffenheit besitzt.

§. 57.

Jene Erfolge der Fermentation, welche den ersten Grad derselben ausmachen, nennt man die Weingährung, weil die Produkte derselben weinartige Getränke darbieten; und eben so wird ein solcher Erfolg auch geistige Gährung genannt, weil die dadurch gebildeten Flüssigkeiten brennbaren Geist oder Alkohol enthalten, welcher daraus geschieden werden kann.

§. 58.

Die Produkte des ersten Grades der Fermentation oder der Weingährung sind, in Hinsicht ihrer Natur und Grundmischung, von denjenigen Materien wesentlich verschieden, aus welchen sie gebildet worden sind: sie enthalten nur noch die wenigen Zucker- und Schleimtheile, welche der Fermentation entgangen sind. Sie enthalten dagegen außer der Wäßrigkeit jetzt eine Säure, die derjenigen analog ist, welche man im Safte der Aepfel findet, und die aus dem Grunde Aepfelsäure genannt wird; nebst einem entzündlichen Wesen, das in seinem völlig wasserfreyen Zustande unter dem Namen Alkohol bekannt ist.

§. 59.

Die den ersten Grad der Fermentation überstandenen Substanzen, werden weingahre Flüssigkeiten genannt. Wird eine oder die andre derselben der Destillation aus einer gläsernen Retorte unterworfen, so gehet ein geistiges Fluidum in die Vorlage über, das jezt Brandwein darstellt.

§. 60.

Wird aber der Brandwein durch eine öfter wiederholte Destillation von der ihm beygemengten Wäßrigkeit befreyet, so gewinnt man daraus ein wasserklares, flüchtig riechendes, brennend schmeckendes, und leicht entzündliches Fluidum, das nun den reinsten Geist darstellt, der in diesem Zustande den oben genannten Alkohol ausmacht.

§. 61.

Wird aber der nach der ersten Destillation der gegohrnen Flüssigkeit in der Retorte übrig gebliebne Rückstand (§. 59.), noch ferner über destillirt, so bleibt ein dickes braunes, sauerschmeckendes, Magma zurück, welches aus Aepfelsäure, aus Weinstein, aus schleimigen und aus Zuckertheilen gemengt zu seyn pflegt, die der Zerlegung entgangen sind.

§. 62.

So ist der Zustand des ersten Grades der Fermentation, oder die geistige Gährung beschaffen; und jenes sind die Produkte, welche durch sie gebildet wurden; wenn das gegohrne Fluidum vor anderweitigen Veränderungen geschützt worden war, die solches durch Einwirkung der Luft hätte erleiden können.

§. 63.

Wir wollen jezt einen Blick auf die Ursachen werfen, die jenen statt gefundenen Veränderungen zur Basis dienen, weil solche den zureichenden Grund enthalten, aus welchen die Veränderungen erklärt werden müssen.

§. 64.

Wir wollen dabey eine mit Wasser gemachte Lösung des reinen Zuckers zur Basis nehmen, um alle feinartige Stoffe zu vermeiden, welche die Säfte der Obst- und Beerenfrüchte enthalten, um desto genauer diejenigen Veränderungen wahrnehmen zu können, welche der Zucker durch die Gährung erleidet.

§. 65.

Wenn der im Wasser gelöste Zucker mit einem weinigen Ferment (mit Weinhefe oder Bierhefe) gemengt, der Temperatur von 18 bis 20 Grad Reaum. ausgesetzt wird, so sehen wir nach vollendetem ersten Grad der Fermentation, daß der Zucker größtentheils verschwunden ist. Wir finden an der Stelle ein aus geistigen und sauern Theilen gemengtes Fluidum, daß sich daher weniger durch einen süßen als vielmehr durch einen säuerlich geistigen Geschmack auszeichnet: und nun einen Zuckerwein darstellt.

§. 66.

Während die Fermentation vorgehet, sehen wir flockige Theile sich absondern, die theils zu Boden fallen, theils sich in Form von Schaum auf die Oberfläche erheben, und nach bewirkter Absondrung und Austrocknung derselben, nun mehr wiegen, als die hinzugekommne Hefe wog, wenn man sie austrocknen läßt. Wir sehen ferner ein bedeutendes Quantum einer stechend riechenden und säuerlich schmeckenden Gasart entweichen, welche **kohlenstoffsaures Gas** ist.

§. 67.

Es ist schon früher (§. 39.) bemerkt worden, daß der Zucker ein natürliches Produkt der Mischung aus Kohlenstoff, Wasserstoff, Sauerstoff und Lichtstoff ausmacht. Wir wissen ferner, daß das Wasser, in welchem derselbe sich gelöst befand (§. 17.) aus Wasserstoff, Sauerstoff und Wärmestoff zusammengesetzt ist, und wir werden uns nun in den Stand gesetzt finden, einen zureichenden Grund von demjenigen angeben zu können, was die Weingährung im gelösten Zucker veranlasset und unterhalten hat, und wie die neuen Produkte sich haben bilden können, welche die vollendete Fermentation als Resultate ihrer Aktion begleiten.

§. 68.

So wie ein Licht, wenn dessen Docht mit Wachs oder Talg getränkt ist, sich entzündet, nach und nach verbrennt, und in eine Anzahl neue Materien aufgelöst wird, die vorher nicht als Bestandtheile darin gegenwärtig gefunden wurden; auf eine gleiche Art wirkt dort die Hefe, welche dem in Wasser gelösten Zucker mitgetheilt wird.

§. 69.

Das, was wir Ferment oder Hefe nennen, ist seiner Natur nach ein Gemenge von Zucker, Schleim und Wassertheilen, die in der Weingährung begriffen sind, und aus eben dem Grunde beständig kohlenstoffsaures Gas ausdünsten, das durch die fortdauernde Fermentation erzeugt und entwickelt wird.

§. 70.

Kömmt daher dieses in der Weingährung begriffene Wesen zur Lösung des Zuckers, so wirkt solches auf eine ähnliche Art gegen denselben, wie die Flamme eines brennenden Lichtes gegen ein erlöschtes: es wirft den gahrenden Funken in die Zuckerauflösung, dieser pflanzt sich darin fort, afficirt die Elemente des Zuckers und des Wassers zur Trennung und zur neuen Mischung unter anders geordneten quantitativen Verhältnissen: die Fermentation beginnt, und dauert so lange fort, als sie noch Zufluß an nährenden und sie unterhaltenden Materien findet.

§. 71.

Um jene Wirkung zu veranlassen und solche zu unterhalten, sind drey Bedingungen unumgänglich nothwendig: 1) der im Wasser gelöste gährungsfähige Stoff; 2) das Ferment; 3) eine den Erfolg begünstigende Temperatur. Sind jene Bedingungen der Fermentation vereint vorhanden, so darf man auch erwarten, daß dem daraus hervorgehenden Effekte nichts im Wege stehet.

§. 72.

Jene vereinigte Wirkung der gährungsfähigen Basis, des Wassers und der Fermente, bey der erforderlichen Temperatur, bietet uns nun folgende Phänomene und deren abhängende Resultate dar: der Zucker wirkt auf den Sauerstoff im Wasser, saugt ihn ein, und erzeugt damit die sauren Materien, welche wir in allen Produkten der Weingährung wahrnehmen.

§. 73.

Indem dieses geschiehet, werden die Bestandtheile des Zuckers im quantitativen Verhältniß verändert, es wird ein Theil seines Kohlenstoffs abgesondert, der nun zwey neue Verbindungen eingehet: ein Theil desselben mischt sich mit dem aus dem zerlegten Antheil des Wassers frey gewordenen Wasserstoff, und erzeugt damit ein äußerst subtiles, flüchtiges entzündliches und mit der Säure leicht mischbares Oel, welches in seinem reinen Zustande den Alkohol darstellt, der mit der übrigen Flüssigkeit verbunden bleibt.

§. 74.

Der zweyte Antheil des Kohlenstoffs aus dem Zucker, geht mit dem zweyten Theil des aus dem Wasser frey gewordenen Sauerstoffes in Mischung, und erzeugt damit eine Säure andrer Art, nemlich die Kohlenstoffsäure.

§. 75.

Da hiebey ein Theil des zur Lösung des Zuckers angewendeten Wassers total zerlegt wird, so wird der Wärmestoff, welcher ihm die liquide Form gab, in Freyheit gesetzt, und dieser gehet wieder eine zweyseitige Verbindung ein: ein Theil desselben tritt mit den Fermentiven der Flüssigkeit in Adhäsion, und veranlasset und erhält auf diese Art die erhöhete Temperatur, welche sie begleitet, und zur Dauer derselben so nothwendig ist.

§. 76.

Der zweyte Theil des frey gewordenen Wärmestoffs, tritt dagegen mit der erzeugten Kohlenstoffsäure in Mischung, und expandirt solche zum kohlenstoffsauren Gas, das nun, vermöge seiner Elasticität, den Druck der Flüssigkeit so wie den der äußern Luft überwältigt, und mit einem zischenden Geräusch aus der Oeffnung des Gefäßes entwickelt wird.

§. 77.

Das flockige und schaumige Wesen, welches wir während der Fermentation sich absondern sehen, wird während der Entwickelung des kohlenstoffsauren Gases in eine gleichsam wirbelförmige Bewegung gesetzt, ein Theil desselben, welcher am zartesten und leichtesten ist, wird in Form von Schaum oder Gösch auf die Oberfläche geworfen, und beyde Theile bilden nun dasjenige, was man Hefe oder Bärme nennt.

§. 78.

Jenes Wesen, welches auch dann gebildet wird, wenn die Zuckerauflösung ohne Zusatz eines schleimigen Ferments, bloß durch hineingeleitetes kohlenstoffsaures Gas in Fermentation gesetzt wird, kann daher keineswegs als ein Ueberrest der zur veranlassenden Fermentation zugesetzten Hefe angesehen werden, sondern es macht eine eigene Substanz aus, die aus dem entmischeten Zucker abgesondert, oder vielmehr producirt worden ist. Sie scheint eine Verbindung von Kohlenstoff, Wasserstoff und Sauerstoff auszumachen, in welcher das quantitative Verhältniß dieser Elemente, gegen das in dem Zucker auszumachen scheint, die sich der Natur des Schleims nähert.

§. 79.

Jenes sind die Resultate des ersten Fermentationsgrades oder der Weingährung. Durch sie wird der Zusammenhang zwischen den Bestandtheilen der gährungsfähigen Substanzen aufgehoben, die Elemente derselben werden in ihrer Grundmischung erschüttert, sie trennen sich, mischen sich wieder nach neuen Ordnungen, und erzeugen Produkte die vorher nicht vorhanden waren: nemlich Säure, Alkohol und Schleim, die nun vereinigt in der Mengung mit den wäßrigen Theilen, das gegohrne Fluidum darstellen, es sey Wein oder Bier; denn beyde sind bloß durch einige zufällige Gemengtheile verschieden, die unabhängig von ihrem Wesen sind.

§. 80.

Die Produkte der Weingährung enthalten, gleich nach ihrer Bildung, noch eine Portion kohlenstoffsaures Gas eingemengt, das ihnen einen stechend säuerlichen Geschmack, und die Eigenschaft zu brausen ertheilt, wie solches an dem moussirenden Champagnerwein und den moussirenden Bieren bemerkt werden kann.

§. 81.

Jenes kohlenstoffsaure Gas bleibt so lange mit den weingahren Flüssigkeiten gemengt, als diese in völlig luftdichten Gefäßen (verpichten steinern oder gläsernen Flaschen) aufbewahrt werden, die fest genug sind, um der expansiblen Kraft jenes Gases Widerstand zu leisten.

§. 82.

Werden aber jene gegohrnen Flüssigkeiten in verspundeten hölzernen Fässern aufbewahrt, so geht die moussirende Eigenschaft derselben nach und nach verlohren, ob durch eine Entweichung oder eine Entmischung des kohlenstoffsauren Gases, ist noch nicht ausgemacht; aber eine fast unmerkliche in ihnen fortdauernde Fermentation, erzeugt darin immer mehr Alkohol.

§. 83.

Dieser Alkohol ist es, der, indem er sich mit den sauern Theilen immer enger vereinigt, nach und nach das Feuer und den balsamischen Geschmack erzeugt, welche in gut ausgegohrnen alten Weinen und Bieren, vorzüglich dem alten Ale, wahrgenommen wird.

§. 84.

Wenn indessen jene Verbesserung der Wein- und Bierarten durch ein langes Lagern derselben erzielet werden soll, so ist es unumgänglich nothwendig, folgendes dabey zu beobachten: 1) daß die Fässer beständig gefüllt sind; 2) daß solche an einem kühlen Orte aufbewahrt werden, dessen Temperatur nie über 10 bis 12 Grad Reaum. steigt; 3) daß die in den Fässern eingeschlossenen Flüssigkeiten vom Zutritt der äußern Luft möglichst vollkommen abgeschnitten sind.

---

# Zweyte Abtheilung.

## Essiggährung, saure Gährung.

§. 85.

Wenn die vorher festgestellten Bedingungen zur Conservation der weingahren Flüssigkeiten aus der Acht gelassen werden; wenn die Gefäße, in welchen sie sich befinden, nicht vollkommen damit gefüllet, folglich die Oberflächen jener Flüssigkeiten mit atmosphärischer Luft bedeckt sind; oder wenn die völlig gefüllten Fässer nicht gut verspundet sind, also die äußere Luft mit den Flüssigkeiten in Berührung stehet; und wenn endlich die Temperatur des Raumes, in welchem die Fässer aufbewahrt werden, auf 20 bis 24 Grad Reaum. steht: dann erfolgt eine neue Verändrung ihrer Grundmischung, ihr geistiger Geschmack geht nach und nach verlohren, und ein saurer Geschmack nimmt seine Stelle ein, bis endlich das ganze Fluidum allmählich in eine essigartige Säure übergeführt wird.

§. 86.

Jener Erfolg ist es, welchen man den zweyten Grad der Fermentation oder die Essiggährung zu nennen pflegt, weil das Resultat desselben diejenige Säure ist, die man Essig nennt. Dieser Gährung ist jede weingahre Flüssigkeit unterworfen, von welcher Art sie auch seyn mag, wenn nur die vorher erörterten Bedingungen dieser Gährung obwaltend sind.

§. 87.

Um die Phänomene genau zu beobachten, welche die Essiggährung oder saure Gährung begleiten, setze man zwey Flaschen guten weißen nicht sauren Wein, wovon die eine zweydrittheil ihres Raums gefüllt und nicht verstopft, die zweyte aber vollkommen gefüllet, so wie fest verstopft und verpicht ist, einer gemeinschaftlichen Temperatur von 18 bis 20 Grad Reaumür aus.

§. 88.

Während der Wein in der vollkommen gefüllten und luftdicht verwahrten Flasche gar keine Verändrung erleidet, wird der in der nicht gefüllten und offnen Flasche in eben denselben Zeitraum sich trüben, es werden sich flockige Theile darin bilden, die in eine sanfte Bewegung gerathen;

es wird sich ein dünner Schaum auf der Flüssigkeitsoberfläche generiren, ein stechend saurer Geruch ausdünsten, die Flüssigkeit wird einen sauren Geschmack annehmen, und alle diese Phänome werden eine längere oder kürzere Zeit fortdauern, bis endlich das ganze Fluidum in den Zustand eines vollkommnen Essigs übergeführt worden ist.

## §. 89.

Jener Unterschied in den Erfolgen, je nachdem der Wein bey einem gleichförmigen Grade der Temperatur mit der atmosphärischen Luft in Berührung stand oder nicht, giebt uns einen sehr evidenten Beweiß, wie groß der Einfluß dieser Luft auf die Umänderung des Weins in Essig seyn muß.

## §. 90.

Um uns aber noch deutlicher davon zu überzeugen, was die atmosphärische Luft hiebey wirkt, ob solche dazu dienet, einige Theile des Weins, welche ausdünsten, aufzulösen und solche hinwegzuschaffen? oder ob sie dazu dienet, sich selbst dem Wein einzuverleiben und dessen Uebergang in Essig zu befördern? arrangire man folgenden leicht anzustellenden Versuch.

## §. 91.

Man stelle ein Bierglas, das wenigstens dreyviertel seiner Höhe mit Essig gefüllet ist, in einer irdenen Schüssel auf ein feststehendes Piedestal. Man gieße so viel Wasser in die Schüssel, am besten Regenwasser oder destillirtes Wasser, daß solches bis an den Boden des Glases reicht.

§. 92.

So vorgerichtet stürze man nun eine mit atmosphärischer Luft gefüllte gläserne Glocke, deren innerer Raum wenigstens funfzehnmal so viel fasset als der des Bierglases, über das letztere, so daß ihre Oeffnung durch das in der Schüssel befindliche Wasser gesperret und vom Zutritt der äußern Luft abgeschnitten wird. Man lasse nun alles bey einer Temperatur von 18 bis 20 Grad Wärme ruhig stehen.

§. 93.

Schon nach einem Zeitraum von 48 Stunden wird man bemerken, daß sich das Wasser im innern Raume der Glocke emporhebt, daß das Aufsteigen desselben allmählich immer mehr zunimmt, bis solches endlich nach einigen Tagen gänzlich nachläßt.

§. 94.

Während man jene Erfolge abwartet, nimmt man dabey dieselbe Trübung und sonstige Veränderung im vorher völlig klaren Wein wahr, welche bereits (§. 88.) angezeigt ist; und wenn man hierauf die Glocke abnimmt, so wird der Wein einen Anfang der Essigbildung erlitten haben: wogegen die in der Glocke übrig gebliebene Luft ihr voriges Vermögen, die Respiration und Verbrennung zu unterhalten, nun eingebüßt hat.

§. 95.

Jene Erscheinungen sind hinreichend uns zu beweisen, daß der Wein bey seinem Uebergang in Essig, keinesweges etwas an die ihn umgebende Luft abgiebt, sondern daß derselbe vielmehr etwas aus derselben annimmt.

§. 96.

Da aber das Annehmen aus der Luft nicht fortdauernd, sondern begrenzt ist, und die rückständige Luftmasse nach erfolgter Absorbtion ihren respirablen die Verbrennung unterhaltbaren Antheil verlohren hat, so ist dieses Phänomen hinreichend, um den Grund von demjenigen anzugeben, was vorgegangen ist.

§. 97.

Die atmosphärische Luft ist, wie die chemische Zergliederung derselben bewiesen hat, ein Produkt der Mengung aus 27 Procent Sauerstoffgas und 73 Procent Stickstoffgas. Kommt solche mit dem Wein in Berührung, so giebt sie nach und nach den Sauerstoff an denselben ab, der damit verbunden gewesene Wärmestoff hingegen wird in Freyheit gesetzt, und erhöhet die Temperatur der Flüssigkeit: wogegen das Stickstoffgas unzerlegt übrig bleibt, das daher seines Sauerstoffgases beraubt und nicht mehr wie atmosphärische Luft wirken kann.

§. 98.

Da aber der Sauerstoff das allgemeine Prinzipium der Säurebildung ausmacht, so sehen wir, daß dieses Element es ist, welches die atmosphärische Luft an die weingahren Flüssigkeiten absetzt, um durch seine Mischung mit denselben sowohl der Alkohol als auch die Aepfelsäure in den Zustand des Essigs überzuführen: daher denn auch die auf den Wein wirkende Luftmasse in ihrem Umfange vermindert werden mußte.

§. 99.

Hieraus gehet nun also sehr deutlich hervor, daß die Essiggahrung als eine wahre Säurung des Weins, durch den Sauerstoff der atmosphärischen Luft angesehen werden muß, auch daß der Essig in seinen Qualitäten um so vorzüglicher ausfallen muß, jemehr der Wein sich mit dem Sauerstoff zu sättigen und seine vorige Natur zu verändern Gelegenheit findet; und zwar aus dem Grunde, weil alsdann um so weniger andre Säuren in dem gebildeten Essig obwalten können, und nach dem Maaße, daß die Quantität der wahren Essigsäure in ihm größer wird, auch die Stärke desselben im gleichen Grade wachsen muß.

## §. 100.

Wenn indessen gleich nicht geläugnet werden kann, daß gehörig hohe Temperatur und Einwirkung der atmosphärischen Luft als hauptsächliche Bedingungsmittel zum Uebergang der weingahren Flüssigkeiten in Essig angesehen werden müssen, so lehrt doch auch die Erfahrung, daß andrerseits die Essiggährung dadurch sehr befördert wird, wenn man saure oder Essigfermente dabey zur Hülfe nimmt; weil solche die Essiggährung früher veranlassen und ihren Fortgang beschleunigen.

## §. 101.

Zu dergleichen sauren oder Essigfermenten müssen folgende Substanzen gerechnet werden: 1) guter starker Essig; 2) Essigmutter; 3) Essighefe; 4) Sauerteig; 5) an der Luft gesäuerte Weinkämme und Weintrester. Alle diese Substanzen sind von einer solchen Beschaffenheit, daß sie schon im Zustande der Essiggährung begriffen sind, folglich eben dieselbe gährende Wirkung zur Essigbildung in den weingahren Flüssigkeiten erzeugen, welche der kohlenstoffsaure Gas

in

in der Wein- und Bierhefe, zur Entstehung der Weingährung bewirken kann.

§. 102.

Aber auch diese Fermente würden nicht allein hinreichend seyn, die weingahren Flüssigkeiten in Essig umzuändern, wenn nicht der Sauerstoff des Dunstkreises mitwirkte. Sie wirken vielmehr bloß als Aneignungsmittel zwischen dem Sauerstoff und den weingahren Flüssigkeiten: sie disponiren die letztern zur Aufnahme des erstern, und er allein macht das wahre Agens aus, welches ihren Uebergang in Essig veranlasset.

§. 103.

Ist der Essig gebildet, ist er völlig klar vom Bodensatz und der Hefe befreyet, und wird derselbe in vollkommen damit gefülleten Fässern vor dem Zutritt der äußern Luft und Wärme geschützt, und an einem kühlen Orte aufbewahrt, so läßt derselbe sich Jahrelang conserviren, ohne die mindeste Veränderung zu erleiden, er gewinnt vielmehr einen Zuwachs an innerer Güte.

---

# Dritte Abtheilung.

## Faule Gährung, Fäulniß.

§. 104.

Wenn dagegen ein solcher Essig in Gefäßen aufbewahrt wird, die nicht völlig damit angefüllet sind, wenn aus eben dem Grunde die äußere Luft mit dem Essig in Berührung steht; wenn ein hoher Grad von Wärme darauf wirken kann, oder wenn der Essig gar in offnen Gefäßen aufbewahrt wird: dann sehen wir sehr bald eine Verändrung seiner Grundmischung eintreten, welche, wenn sie nicht frühzeitig genug unterbrochen wird, ihn nach und nach alle sauren Eigenschaften beraubt, und nur ein faderiechendes und übelschmeckendes Wasser übrig läßt, das zuletzt in den Zustand einer stinkenden Jauche übergehet.

§. 105.

Auch diese Verändrung gründet sich auf den Anfang und den Fortgang einer neuen Periode der Fermentation, die den dritten Grad der Gährung, oder die faule Gährung ausmacht, mit deren vollkommnen Beendigung die Natur des Essigs gänzlich vernichtet wird.

§. 106.

Die faule Gährung des Essigs beobachtet ein sehr langsames Fortschreiten, und ihr Anfang kündigt sich dadurch an, daß der vorher klare Essig sich trübt, und dessen Oberfläche mit einem weißen Schimmel oder Kahm, der aus kleinen nur schwach zusammenhängenden Punkten bestehet, überzogen wird: ein Ereigniß, das nicht mit der dicken, zähen schleimigen Haut verwechselt werden darf, mit welcher ein guter Essig sich zuweilen belegt, welche Essigmutter (§. 101.) genannt wird; und einerseits einen Beweis von der guten Beschaffenheit des Essigs abgiebt, andrerseits aber dessen Conservation begünstiget.

§. 107.

Die Erfahrung lehrt indessen, daß die völlig reine Essigsäure jener sie zerstöhrenden Verändrung niemals unterworfen ist; und folglich muß solche allein auf Rechnung der anderweitigen Gemengtheile gesetzt werden, welche sich neben der wahren Essigsäure, in jedem rohen Essig gegenwärtig befinden.

## §. 108.

Einerseits bemerken wir, daß die aus säuerlichen Weinen bereiteten Essige zur Bildung des Kahms weit mehr geeignet sind, als die aus süßen feurigen Weinen gewonnenen; und da gerade jene reich an Weinstein sind, so scheint es, daß der Weinstein allein den zureichenden Grund von der Zerstöhrung und Kahmbildung eines solchen Essigs vorzüglich enthält.

## §. 109.

Was jener Voraussetzung einen hohen Grad von Wahrscheinlichkeit giebt, bestehet darin, daß, wenn eine mit siedendem Wasser gemachte Lösung des Weinsteins, an einem mäßig warmen Orte, sich selbst überlassen wird, schon nach einigen Tagen ein ähnlicher Kahm auf deren Oberfläche erzeugt wird, dessen Bildung sich so oft erneuert, als man den ersten wegnimmt, bis zuletzt der ganze Weinstein zerstöhrt ist.

## §. 110.

Es ist daher sehr wahrscheinlich, daß der in solchen Weinen enthaltene Weinstein, und zwar insbesondre vermöge seiner Säure, die Destruktion des Essigs veranlasset, indem die Weinsteinsäure der schon gebildeten Essigsäure ihren Sauerstoff entziehet, und ihn dadurch in die Beschaffenheit eines gekohlten Wasserstoffs überführt, wodurch der fade Geruch, so wie die zuletzt erfolgende Auflösung in stinkende Gasarten veranlasset wird.

## §. 111.

Mehr noch als der wahre Weinessig sind diejenigen Arten des Essigs der faulenden Fermentation unterworfen, welche aus den Getraidearten zubereitet worden sind: aber die Fäulniß, welche sie eingehen, offenbart sich auf eine andre Art als die beym Weinessig.

## §. 112.

Der zureichende Grund von jener abgeänderten Fäulniß, muß warscheinlich in der Colla oder dem Pflanzenleim gesucht werden, welcher einen Gemengtheil in den Getraidearten und mehrern andern Vegetabilien, die dergleichen Essig liefern, ausmacht, und zum Theil in den Essig mit übergeführt wird, und nun derselben zur Fäulniß prädisponirt.

## §. 113.

Daß dieses wirklich der Fall ist, läßt sich durch folgende Thatsache erweislich machen. Man sondre die Colla aus dem Weitzen durch öfteres Auswaschen desselben mit Wasser ab, man übergieße denselben mit Essig, und man wird bald bemerken, daß jene Colla vom Essig gelößt wird.

## §. 114.

So lange jene mit Essig gemachte Lösung der Colla in verschlossenen Gefäßen aufbewahrt wird, hält sie sich ziemlich lange. Wenn sie aber bey einer mäßigen Temperatur mit der Luft in Berührung steht, so tritt sehr bald ein Zustand der faulen Gährung ein, und das Ganze wird zuletzt in stinkende Jauche aufgelößt, die derjenigen ähnlich ist, welche der faulende Getraideessig darbietet.

§. 115.

So sehen wir also, daß die faule Gährung der weinigen Flüssigkeiten als der letzte Effekt der Wechselwirkung zwischen ihren bildenden Elementen angesehen werden muß, durch welche sie endlich total vernichtet, die Elemente zu neuen Materien in Mischung gesetzt, und diese, gemeiniglich im gasförmigen Zustande, entwickelt werden.

# Zweyter Abschnitt.

Geschichte des Essigs. Theorie der Essigbildung, aus den Grundsätzen über die saure Gährung abgeleitet.

## Erste Abtheilung.

### Geschichte des Essigs.

§. 116.

Nachdem ich nunmehr eine allgemeine Uebersicht der Fermentation und ihrer verschiedenen Grade gegeben habe; und nachdem die verschiedenen Elemente oder einfachern Mischungstheile derjenigen Substanzen erläutert worden sind, welche sich dabey wirksam zeigen, so finden wir uns dadurch in den Stand gesetzt, diejenigen Folgerungen daraus zu abstrahiren, die zu einer rationellen Ansicht und Beurtheilung desjenigen, was uns beym Uebergang der weingahren Flüssigkeiten in den Zustand des Essigs dargeboten wird, geschickt sind.

§. 117.

Wenn gleich als in der Natur des Gegenstandes gegründeter Satz angenommen werden muß, daß die Bildung des Essigs nur aus einer und derselben Ursache veranlasset werden kann; so sind doch die Methoden, derer man sich dazu bedienet, so verschieden, daß man erstaunen muß, welche Mannigfaltigkeit in der Ausübung das Genie der Künstler ausgedacht hat, um zu einem Zwecke zu gelangen, der nur auf einem Wege möglich ist.

§. 118.

Jene Verschiedenheit in der Methode Essig zu fabriciren, ist indessen sehr wahrscheinlich auf den Mangel einer zureichenden Erkenntniß der Ursachen gegründet, auf die der Uebergang der weingahren Flüssigkeiten in Essig sich stützt.

§. 119.

Der Zufall, dem wir das Daseyn so mancher der menschlichen Gesellschaft wichtigen Erfindung verdanken, war es ohnstreitig auch, der uns die Kunst, Essig zu verfertigen, gelehrt hat, und wir werden aus dem folgenden erkennen, daß dieses sehr leicht geschehen konnte.

§. 120.

Das Bestreben des Weins und anderer weingahren Flüssigkeiten ohne Unterschied, bey der kleinsten Vernachlässigung ihrer Pflege, hervorstechende saure Eigenschaften anzunehmen, wodurch sie zum Genuß als Getränke unbrauchbar gemacht worden, war ohnstreitig eine Beobachtung, die von den Küpern oder Kellermeistern zuerst gemacht wurde; und einer solchen Beobachtung verdanken wir ohnstreitig die Erfindung des Essigs.

§. 121.

Wie alt die Entdeckung des Essigs ist, wissen wir nicht; aber dessen Anwendung zur Zubereitung der Nahrungsmittel, theils um ihnen einen angenehmen pikanden Geschmack zu geben, theils um solche dadurch vor der Verderbniß zu schützen, scheint sich bis in das jüngste Zeitalter zu verlieren.

§. 122.

So rühmt schon Plinius *) den Gebrauch des Essigs, zur Zubereitung der Speisen, so wie zum Einmachen des Obstes und andrer Gartenfrüchte; ja selbst zum Einbalsamiren. So war das Getränk, dessen sich die Egyptier unter dem Namen Cadiva bedienten, wahrscheinlich nichts anders als Essig; und eben so wurde der Essig, in Vermengung mit Wasser, unter dem Namen Oxicrat den römischen Legionen als Getränke gereicht.

§. 123.

Untersuchen wir die alleraltesten Werke, welche jemals über die Kochkunst und andre Gegenstände der bürgerlichen Haushaltung geschrieben worden sind, so finden wir des Essigs und seiner Anwendung darin gedacht; welches hinreichend ist, das Alter seiner Erfindung zu bestätigen, und uns einen Beweis zu geben, wie sehr der Mensch dasjenige, was sein Scharfsinn entdeckt, zu seinem Wohlbehagen und zu seiner Unterhaltung anzuwenden weiß.

§. 124.

Man scheint indessen die Kunst, Essig zu bereiten, in den frühern Zeiten entweder sehr geheim gehalten zu haben; oder sie befand sich nur im Besitz derjenigen, welche weder Lust noch Fähigkeit besaßen, solche zu beschreiben, und zu einer gemeinnützigen Kenntniß zu bringen: denn bis

---

*) Plinius Hist. natural.

zu Glauber kennen wir keinen andern Schriftsteller, welcher eine vollständige Darstellung der Essigfabrikation geliefert hätte.

§. 125.

Aber selbst noch jetzt bemerkt man mit Erstaunen, wie sehr die meisten Essigfabrikanten ihre vorgebliche Kunst in ein tiefes Geheimniß zu verhüllen bemühet sind; und noch mehr wird man überraschet, wenn man, bey eigener Sachkenntniß des Gegenstandes, ihre Unwissenheit in der Kenntniß der dazu erforderlichen Operationen, so wie den davon abhängenden Erfolgen; und endlich die der Natur der Sache entgegen wirkenden Regeln und Handgriffe wahrnimmt, welche sie bey der Ausübuug jener Kunst beobachten.

§. 126.

Seitdem aber die intellectuellen Kräfte der Menschen mehr kultivirt worden sind, seitdem hat man auch eingesehen, wie wichtig und für das Wohl der menschlichen Gesellschaft nothwendig es ist, die Natur zu studiren, und ihr diejenigen Geheimnisse zu entlocken, die sie dem Menschen nur durch einen Schleyer verhüllet, keinesweges aber auf immer verborgen hält.

§. 127.

Aber in eben dem Maaße, daß die Naturwissenschaften sich immer mehr emporgeschwungen haben, hat man auch die Wichtigkeit ihres Einflusses auf die Manufakturen und Künste erkannt; und so bald diese vor das Forum des wissenschaftlichen Richterstuhls gezogen worden sind, haben sie eine bessere Richtung, ein neues Leben erhalten, das sie mit einer bisher noch nie gekannten Vollkommenheit zu krönen verspricht.

§. 128.

Auch die Kunst, Essig zu fabriciren, theilt dieses ihr wohlthätige Schicksal mit andern Künsten und Manufakturen: denn so bald solche die Aufmerksamkeit der Chemiker auf sich zu ziehen angefangen hat, sind ihre vorgeblichen Geheimnisse enthüllet worden; man hat die fehlerhaften Operationen in derselben verbannet, und ihrer Ausübung einen andern Weg gebahnet, der leicht erreichbar ist, und allemal zu einem sichern Ziel führt.

---

# Zweyte Abtheilung.

## Theorie der Essigbildung.

§. 129.

Indem ich im ersten Abschnitt die verschiedenen Perioden der Fermentation entwickelte, welchen die gährungsfähigen Substanzen unterworfen sind, wenn die erforderlichen Bedingungen dabey obwalten, habe ich die Hauptmomente angegeben, worauf es beym Uebergang der gegohrnen Flüssigkeiten in Essig ankommt. Jetzt will ich das dortgesagte weiter verfolgen, und diejenige Theorie darauf gründen, welche der Essiggährung zur Erklärung dient.

§. 130.

Es ist bewiesen worden, daß die saure oder Essiggährung des Weins, oder einer andern weingahren Flüssigkeit, nicht anders erfolgen kann, als wenn die Temperatur derselben einen gewissen Grad erreicht hat, der jedoch den 20 Grad nach Reaumür nie übersteigen darf; und wenn der Zutritt der atmosphörischen Luft nicht abgeschnitten ist.

## §. 131.

Diesen Grundsätzen, obschon sie aus der Erfahrung entnommen sind, scheinen indessen einige Thatsachen zu widersprechen, welche in den Schriften einiger ältern Chemiker über diesen Gegenstand aufbewahrt worden sind: aber ich werde nachher zeigen, daß dieser Widerspruch nur scheinbar ist, und daß jene Beobachtungen den von mir aufgestellten Grundsätzen völlig angemessen sind.

## §. 132.

Becher, ein Chemiker der ältern Zeit, erzählt, daß der Wein durch ihn in einen sehr starken Essig umgeändert worden sey, wenn er solchen in einer hermetisch verschlossenen Flasche während einer langen Zeit hindurch über dem Feuer digeriren ließ. Hier hätten wir also den Beweiß von dem Uebergang des Weins in Essig, ohne Mitwirkung der Luft, wodurch also dasjenige widerlegt seyn würde, was ich über die Nothwendigkeit der Luft zur Bildung des Essigs angeführt habe.

## §. 133.

Jene von Becher gemachte Erfahrung mag vollkommen richtig seyn, aber er hat aus der Acht gelassen anzumerken, ob die von ihm gebrauchte Flasche völlig oder nur zum Theil mit Luft gefüllet war? fand aber, wie nicht zu zweifeln ist, das Letztere statt, so mußte nothwendig der übrige Raum mit Luft gefüllet seyn, welche dann allerdings ihren Sauerstoff an den Wein abgeben, und ihn in Essig umändern konnte.

§. 134.

So behauptet ferner Homberg den Wein in Essig umgeändert zu haben, wenn er denselben in einer verstopften Flasche einschloß, diese an den Flügel einer Windmühle befestigte, und sie einer dreytägigen Bewegung unterwarf. Aber auch Homberg hat nicht angemerkt, ob die Flasche ganz oder nur zum Theil mit Wein gefüllet war.

§. 135.

Daß die von Homberg gebrauchte Flasche vollkommen mit Essig gefüllet gewesen seyn sollte, kann man aber um so weniger glauben, weil sonst bey der schwungförmigen Bewegung keine Erschütterung der Flüssigkeit möglich gewesen seyn würde, auf deren Erregung es doch vorzüglich abgesehen gewesen zu seyn scheint.

§. 136.

War aber, wie es sehr wahrscheinlich ist, die Flasche nicht vom Essig gefüllet, dann müßte der übrige Raum mit Luft gefüllet seyn; und diese über dem Wein stehende Luft müßte denn allerdings ihren Sauerstoff an denselben abgeben, dessen Einsaugung durch rotirende Bewegung des Weins noch mehr begünstigt ward; und so enthält also auch Hombergs Beobachtung keinen Widerspruch gegen meine Behauptung.

§. 137.

Schon Rozier, vormals einer der vorzüglichsten Chemiker Frankreichs, hat bewiesen, daß ohne Mitwirkung der atmosphärischen Luft, der Uebergang des Weins in Essig unmöglich bleibt, wenn gleich die Temperatur hoch genug ist, um solchen außerdem zu begünstigen.

§. 138.

Um mich selbst hievon zu überzeugen, habe ich spanische Weine, französische Weine, Rheinweine und hiesige Landweine, dem dazu nöthigen Versuche unterworfen. Ich setzte solche zu gleicher Zeit in dünnen gläsernen Flaschen drey Monate lang in der Nähe eines geheizten Stubenofens an einen ruhigen Ort, so daß sie ununterbrochen einer Temperatur von 18 bis 20 Grad unterworfen blieben.

§. 139.

Jene Weine waren zum Theil in Flaschen enthalten, die damit vollkommen angefüllet waren. In den andern füllte der Wein nur den sechsten Theil des Raumes der Gefäße aus, der übrige war mit Luft erfüllt. Die Oeffnungen der Flaschen waren mit in Wachs gesottenen Korkstöpseln verschlossen, und außerdem noch mit geschmolzenem Wachs überzogen.

§. 140.

Nach einem Zeitraum von acht Wochen, waren die in den luftdicht verschloßnen und ganz gefüllten Flaschen enthaltenen Weine noch unverändert, sie waren nicht getrübt, und selbst im Geschmack schienen sie keine bedeutende Veränderung erlitten zu haben.

§. 141.

Die mit der eingeschloßnen Luft in Berührung stehenden Weine nahmen hingegen schon nach einem Zeitraum von 48 Stunden eine trübe Beschaffenheit an, so wie ihre Farbe merklich verändert ward; und als solche zu gleicher Zeit mit den in den luftdicht verschloßnen Flaschen geöffnet und untersucht wurden, fanden sie sich in mehr oder weniger starke Essigarten umgeändert.

§. 142.

Die Resultate jener Versuche sind hinreichend, uns die Gewißheit zu geben, daß wenn der Wein sich säuern und in Essig umändern soll, der Zutritt von atmosphärischer Luft zu demselben unumgänglich nothwendig ist: daß es aber nicht die Luft ihrer ganzen Massr nach, sondern vielmehr bloß die geringe Quantität des darin befindlichen Sauerstoffgases ist, welches seine ponderable Basis, nemlich den Sauerstoff, an den Wein abgiebt, ist bereits früher erörtert worden.

§. 143.

Wenn daher Becher und Homberg, so wie einige andre Chemiker der ältern Zeit versichern, den in luftdicht verschlossenen Gefäßen behandelten Wein in Essig umgeändert zu haben, so ist an der Wahrheit ihrer Bemerkung einerseits zwar nicht zu zweifeln, andrerseits dürfen wir ihnen aber doch auch geradezu entgegen setzen, daß sie auf die atmosphärische Luft, welche neben dem Wein in den gebrauchten Gefäßen eingeschlossen war, gar keine Rücksicht genommen zu haben scheinen.

§. 144.

Wenn wir indessen erwägen, daß zu der Zeit, als jene Männer schrieben, die atmosphärische Luft ihrer Grundmischung nach noch gar nicht bekannt war, daß man sie noch nicht in Gefäßen zu behandeln wußte, und man daher auf ihre Mitwirkung bey den chemischen Operationen wenig oder gar nicht reflektirte; wenn man ferner bedenkt, daß die chemische Kenntniß der atmosphärischen Luft erst im Jahr 1773 durch Scheele und Priestley ausgemittelt, und der Einfluß ihres einen Bestandtheils erst durch Lavoisier noch später dargethan worden ist: so dürfen wir auch uns so weniger darüber verwundern, daß Becher, so wie Homberg und andre ältere Chemiker auf die Mitwirkung der atmosphärischen Luft bey ihren Arbeiten so wenig Rücksicht genommen haben, da sie die Wichtigkeit ihres Einflusses gar nicht einmal wähnen konnten.

## §. 145.

Wenn indessen einerseits zugestanden werden muß, daß durch die eben beschriebnen Erfahrungen geleitet, wir gegenwärtig eine richtige Einsicht von demjenigen haben, worauf die Bildung des Essigs gegründet ist, so dürfen wir andrerseits doch nicht wähnen, daß jene Erfahrungen zur Kunst der Essigfabrikation viel beygetragen haben.

## §. 146.

Jene Kunst, die wahrscheinlich durch den Zufall erfunden, und durch den Bedarf ihres Erzeugnisses für die menschliche Gesellschaft vervollkommt worden ist, ist älter als jene Beobachtungen, sie ist auf eine geordnete Folge von Operationen gegründet, die von jeher zu ihrer Ausübung nöthig befunden wurden, und auch wohl für immer nöthig bleiben werden.

§. 147.

Indessen haben die Erfahrungen der Chemiker, und vorzüglich diejenigen der neuern Zeit, sehr viel dazu beygetragen, die Operationen zur Essigfabrikation zu vereinfachen, die Produkte derselben zu vervollkommnen und zu veredeln, die dabey obwaltenden Anomalien aus einem zureichenden Gesichtspunkte zu beurtheilen, und das Ganze jener Operationen und ihrer Erfolge auf einen Grad von Zuverlässigkeit und Vollkommenheit zu erheben, den sie außerdem viel später erreicht haben würde.

§. 148.

Die Erfahrung lehrt es hinreichend, daß nicht jede Art des Weins, und so auch nicht jede Art von andern weingahren Flüssigkeiten, wenn solche unter den übrigen nothwendigen Bedingungen auf Essig bearbeitet werden, ein gleich gutes Produkt zu erzeugen vermögend sind: es ist daher nothwendig, den zureichenden Grund davon auszumitteln, welcher jene Differenzen zu veranlassen im Stande ist.

§. 149.

Wir beobachten immer, daß diejenigen weingahren Flüssigkeiten, welche am stärksten und geistreichsten sind, zwar dem Uebergange in Essig einen längern Widerstand entgegensetzen als die schwächern, daß aber, wenn einmal die Essiggährung in ihnen veranlasset und regelmäßig unterhalten worden ist, solche auch allemal den besten und stärksten Essig darbieten, nemlich einen solchen, welcher im kleinsten Umfange die meiste Säure enthält.

§. 150.

Nun lehrt aber die Erfahrung, daß die Stärke des Weins oder einer andern weingahren Flüssigkeit, mit der Menge des darin enthaltenen Alkohols, und des davon abhängigen Brandweins im Verhältniß steht, welcher durch die Destillation daraus abgesondert werden kann: folglich werden wir hiedurch auf die Folgerung hingeleitet, daß eben dieser Gehalt an Alkohol die Ursache ausmacht, daß dergleichen geistreiche Weine und andere weingahre Flüssigkeiten, auch den besten und stärksten Essig zu produciren geschickt seyn müssen.

§. 151.

Jene Voraussetzung wird auch zur Gewißheit erhoben, wenn wir auf die dahin abzweckenden Erfahrungen, welche von ältern und neuern Chemikern über diesen Gegenstand aufgezeichnet worden sind, einen Blick werfen. So versichert schon Cartheuser die Erfahrung gemacht zu haben, daß, wenn man dem Weine vor der Essiggährung eine Portion Brandwein zusetzt, die Stärke des daraus gewonnenen Essigs sehr vermehrt wird.

§. 152.

Ferner bemerkt Becher *), daß, wenn man dem Weine, welcher in Essig umgeändert werden soll, durch ein langsam veranstaltetes Kochen den darin enthaltenen Weingeist entziehet und verdampft, und ihn dann der Essigfermentation

*) Physica subterranea etc. 1 Buch. 5 Abschnitt. 2 Kapitel. Seite 138.

unterwirft, jezt nur ein schwacher unvollkommner Essig daraus gewonnen wird.

§. 153.

Endlich ist es eine allgemein bekannte Erfahrung, daß, wenn ein Theil reiner Weingeist oder Alkohol, mit zwölf Theilen reinem Regen- oder destillirtem Wasser verdünnet, und das Gemenge ohne weitern Zusatz in einer dreyviertel damit angefüllten Flasche, die ganz leicht mit Papier verstopft ist, um der Luft einen ungehinderten Zutritt zu erlauben, bey einer Temperatur von 18 bis 20 Grad Reaumür ausgesetzt wird, jenes Fluidum, nach einem Zeitraum von sechs bis acht Wochen, in einen reinen und starken Essig übergeführt befunden wird.

§. 154.

Jene Erfahrungen sind also hinreichend, uns die Gewißheit zu geben, daß einerseits der Alkohol nicht nur selbst sehr geneigt ist, beym gehörigen Grade der Verdünnung mit Wasser, so wie beym erforderlichen Zutritt der Luft und der Wärme, in den Zustand des Essigs überzugehen, sondern daß derselbe auch ein vorbereitendes Mittel für die übrigen Bestandtheile des Weins oder den andern weingahren Flüssigkeiten darbietet, um sich mit dem Sauerstoffe der atmosphärischen Luft leichter zu mischen, und dadurch ihren Uebergang in Essig zu begünstigen.

§. 155.

Aus den hier aufgestellten Bemerkungen über die Beförderungsmittel znr Bildung eines guten Essigs, ist es nun leicht eine allgemeine Theorie der Essigerzeugung zu entwickeln, die nur um so unumstößlicher seyn wird, da sie sich auf Thatsachen gründet, und aus unmittelbaren Erfahrungen abgeleitet worden ist.

§. 156.

Wir unterscheiden nemlich in jeder weingahren zur Erzeugung des Essigs geschickten Flüssigkeit drey wesentlich wirksame Bestandtheile, ohne deren Daseyn im Zusammenhange ein totaler Uebergang derselben in den Zustand des Essigs nicht möglich seyn würde.

§. 157.

Jene Bestandtheile bestehen in der jeder weingahren Flüssigkeit inhärirenden Aepfelsäure, im Alkohol und in der Wäßrigkeit, wodurch die ersten beyden gelöst sind. Die anderweitigen extraktiven und schleimigen Stoffe, so wie einige anders geartete Pflanzensäuren, welche die weingahren Flüssigkeiten zufolge ihrer verschiedenen Abstammung enthalten können, kommen bey der Essigbildung weniger in Betrachtung.

§. 158.

Die vorher erörterten wesentlichen Bestandtheile in den zur Essiggährung geschickten Flüssigkeiten müssen, mit Ausnahme der Wäßrigkeit, als Produkte der Weingährung angesehen werden. Um solche in den Zustand des Essigs überzuführen, wird der Zutritt des Sauerstoffs erfordert; und um dessen Mischung mit jenen Materien zu begünstigen, ist ein gehöriger Grad der Temperatur unumgänglich nothwendig.

§. 159.

Wenn daher der Wein oder ein andres weingahres Fluidum, bey dem erforderlichen Grade der Temperatur mit der atmosphärischen Luft in Berührung steht, so trennt sich das Sauerstoffgas der atmosphärischen Luft vom Stickstoffgas, es setzt seinen Sauerstoff an den geistigen und sauren Theilen der weingahren Flüssigkeit ab, wogegen der vorher im Sauerstoffgas an dessen Basis gebundene Wärmestoff nun in Freyheit gesetzt wird. Hierdurch wird die innere Temperatur der Flüssigkeit erhöhet, und diese begünstigt nun den Fortgang der Wechselwirkung zwischen der atmosphärischen Luft und der fermentirenden Flüssigkeit.

§. 160.

Jene Wechselwirkung ist es, welche nun dasjenige Phänomen in der Flüssigkeit veranlasset, was man die Essiggährung nennt, sie ist auf die Einsaugung des Sauerstoffs aus der Luft gegründet, welche sowohl den Alkohol als die Aepfelsäure in Essigsäure umändert, die nun mit den übrigen Gemengtheilen verbunden, den Essig darstellt; und hierin bestehet die ganze Theorie der Essiggährung.

§. 161.

So einfach diese Theorie auch ist, und so wenig Stoffe wesentlich nothwendig sind, um die Erzeugung des Essigs zu veranlassen, so mancherley Hülfsmittel giebt es jedoch, sie zu begünstigen; und so viele Bedingungsmittel sind denkbar, unter welchen sie bey einer praktischen Ausübung mit großen Quantitäten, nur regelmäßig und unbehindert betrieben werden kann.

# Dritter Abschnitt.

## Von den hauptsächlichsten Bedingungsmitteln, welche zur Darstellung eines guten Essigs erfordert werden.

§. 162.

Die Fabrikation der verschiedenen Essige hat sich in unsern Zeiten zu einem der lukrativen Erwerbszweige erhoben; der Essig hat dem Handel einen sehr wichtigen und einträglichen Artikel dargeboten, dessen Absatz um so größer ist, da derselbe nicht nur als Nahrungsmittel so wie als Arzneymittel einen Gegenstand für alle Klassen der Menschen ausmacht, sondern auch als Hülfsmittel vieler Künste, Manufakturen und Gewerbe nicht entbehrt werden kann.

§. 163.

Je wichtiger daher die Fabrikation des Essigs ist, um so mehr Aufmerksamkeit ist erforderlich, um dieselbe mit Zuverlässigkeit zu betreiben. Ich habe bisher die Hauptmomente erörtert, worauf die Erzeugung des Essigs sich stützt; jetzt werde ich die daraus abstrahirten und durch die praktische Erfahrung bestätigten Bedingungsmittel, unter welchen die Essigfabrikation mit einem glücklichen Erfolg begünstigt wird, einer Wiederholung unterwerfen.

§. 164.

Zu einem regelmäßigen Erfolg der Essigfabrikation können wir als unabläßige Bedingungsmittel feststellen 1) hinreichenden Zutritt der atmosphärischen Luft; 2) einen bestimmten Grad der Temperatur; 3) die Gegenwart solcher Materien, die als säuernde Fermente wirken, um die Essiggährung zu veranlassen und solche zu unterhalten; und 4) das Daseyn solcher weingahren Flüssigkeiten, die reich an Zuckerstoff und Alkohol sind. Wir wollen die Wirkung eines jeden einzelnen dieser Bedingungsmittel hier näher erläutern.

## Wirkung der atmosphärischen Luft.

§. 165.

Es ist schon früher bemerkt und durch überzeugende Versuche dargethan worden, daß ohne Daseyn der atmosphärischen Luft keine Erzeugung des Essigs möglich ist. Zwar scheinen die angeführten Beobachtungen von Becher, Stahl und Homberg zu beweisen, daß eine Säuerung der gegohrnen Flüssigkeiten in verschlossenen Gefäßen möglich sey, und einige Chemiker haben daher alles erklären zu können geglaubt, wenn sie voraussetzten, daß das Wasser jener Flüssigkeiten eine Entmischung erleide, daß solches seinen Sauerstoff an die geistigen und sauren Theile der gährenden Fluida abgebe, und solche dadurch in den Zustand des Essigs überführe.

§. 166.

Wir dürfen aber nie aus der Acht lassen, daß zwischen einer hypothetischen Voraussetzung und einer practischen

Erfahrung ein großer Unterschied obwaltet, und daß dasjenige, was durch die Erfahrung bewiesen ist, demjenigen, was ohne Erfahrungsgründe erklärt wird, in keinem Fall nachgesetzt werden darf. Auch würde, wenn das Wasser geschickt wäre sich zu zersetzen und seinen Sauerstoff an die weinartigen Flüssigkeiten abzugeben, aus keinem zureichenden Grunde eingesehen werden können, warum nicht jeder Wein, jedes Bier und jeder mäßig starke oder schwache Brandwein, wenn sie in verschloßnen Fässern aufbewahrt werden, mit der Zeit in Essig übergehen sollte, welches doch bey einem gänzlichen Ausschluß der Luft niemals bemerkt wird.

§. 167.

Wir sehen daher, daß die atmosphärische Luft jene saure Fermentation nur allein in Rücksicht ihres Gehaltes an Sauerstoff veranlassen und ausüben kann: daß also die Größe der chemischen Anziehung zwischen dem Sauerstoff und dem Wärmestoff in jener Gasart, kleiner seyn muß, als die zwischen dem Sauerstoff und der weinigen Flüssigkeit.

§. 168.

Sollte es möglich seyn, daß auch das aus Sauerstoff und Wasserstoff zusammengesetzte Wasser seinen Sauerstoff an die weingahren Flüssigkeiten abgeben und sie säuern könnte, so würde wiederum die chemische Anziehung dieses Sauerstoffs zum Wein größer als zum Wasserstoff seyn müssen.

## §. 169.

Da aber der Uebertritt des Sauerstoffs aus irgend einem Produkte seiner Mischung an einen andern Stoff, einem Erfolg der Verbrennung ähnlich ist; und da diese bey der Einwirkung des Wassers auf glühende Kohlen unterbrochen wird, selbst dann, wenn solches im erhitzten Zustande darauf leitet, so sehen wir hieraus die Unmöglichkeit der säuernden Kraft des Wassers für die gegohrnen Flüssigkeiten.

## Wirkung der Wärme.

## §. 170.

Wie nothwendig die Wirkung der Wärme zur Bildung des Essigs ist, lehrt uns die Erfahrung bey jeder darauf abzweckenden Operation, der wir weingahre Flüssigkeiten unterwerfen. Zwar ist der Wärmestoff nicht wie der Sauerstoff ein Wesen, das sich den gährenden Flüssigkeiten insinuirt, um mit ihnen in eine bleibende Mischung zu treten; aber, indem er sich damit mengt und die Masse der Flüssigkeit in allen ihren kleinsten Theilen ausdehnt, schwächt derselbe dadurch den Zusammenhang der sie bildenden Elemente, und disponirt selbige den Sauerstoff leichter aufzunehmen und mit ihm in Mischung zu setzen, als es beym Mangel der von außen darauf wirkenden Wärme der Fall seyn würde.

## §. 171.

Man würde sich indessen sehr irren, wenn man glauben wollte, daß, da eine Erhöhung der Temperatur, unter gemeinschaftlicher Mitwirkung des Sauerstoffs, die Essigbildung begünstigt, eine zunehmende Erhohung derselben den Erfolg beschleunigen könne: dies ist keinesweges der Fall; und wir sehen den Erfolg der Essigbildung vielmehr in eben dem Grade zurück gehen, als die Temperatur der Flüssigkeit und der sie umgebenden Atmosphäre, ein gewisses Maximum, nehmlich 18 bis 20 Grad Reaumür übersteigt.

§. 172.

Herr Prozet, ein französischer Chemiker, der sich um die Fabrikation des Essigs viele Verdienste erworben hat, wurde von einem Essigfabrikanten zu Rathe gezogen, welchem sein Fabrikat umschlug. Dieser Mann hatte den ungegründeten Glauben, daß die Wärme allein das Prinzip der Essigbildung ausmache, und suchte daher jenen Erfolg durch eine übertriebene Temperatur, zu seinem Nachtheil, zu beschleunigen. Herr Prozet bewies ihm das Fehlerhafte seiner Operation, und er arbeitete nun stets mit glücklichem Erfolg.

§. 173.

Man hüte sich daher in den Essigfabriken einen Grad der Temperatur zu beobachten, der 18 bis 20 Grad übersteigt: es werden sonst dreyerley Nachtheile daraus hervorgehen: 1) wird sich die Luft in der Gährungsstube zu stark ausdehnen, durch die Zwischenräume der Fenster und Thüren entweichen, und nicht denjenigen Grad der specifischen Dichtigkeit beybehalten können, der sie in den Stand setzt, bey ihrer Berührung mit der fermentirenden Flüssigkeit, sich in hinreichender Masse an dieselbe abzusetzen. 2) Die übermäßige Wärme wird geistige Theile aus der fermentirenden Flüssigkeit hinwegtreiben, welche der Atmosphäre der Gährungsstube den Sauerstoff entziehen, sich dadurch in Essigdunst umändern und sie verderben; 3) Da der Alkohol der gährenden Flüssigkeit ein nothwendiges Requisit zur Bildung des Essigs ist, so wird mit seiner Entweichung auch die erwartete Stärke so wie die davon abhängende Bonität des Essigs, im gleichen Grade vermindert werden.

§. 174.

Was eine zu hohe Temperatur in der Gährungsstube Nachtheiliges veranlasset, kann solche auch außerdem bewirken. Viele Essigfabrikanten haben die üble Gewohnheit, diejenigen weingahren Flüssigkeiten, welche sie in Essig umändern wollen, vorher bis zum Sieden zu erhitzen, oder solche wohl gar ein Paarmal aufwallen zu lassen, und zwar in der Meinung, daß die nachher erfolgende Essiggährung dadurch um so mehr beschleunigt werden soll.

§. 175.

Jenes Verfahren gründet sich auf einen Mangel an erforderlicher Sachkenntniß, und ist auf eine überaus nachtheilige Vorstellung gestützt; denn der Alkohol, welcher in jenen Flüssigkeiten durch die Weingährung gebildet worden ist, verflüchtet sich schon bey 56 bis 58 Grad Reaumür. Da aber die weingahre Flüssigkeit erst bey 80 Grad Temperatur zum Sieden kommt, so siehet man daraus, daß ehe und bevor der Siedepunkt einer solchen Flüssigkeit heran gekommen ist, der darin befindliche Geist oder Alkohol schon größtentheils entwichen seyn muß, folglich zur Bildung des Essigs nun nichts mehr beytragen kann.

§. 176.

Ja schon bey weit niedrigerer Temperatur ist der Alkohol flüchtig; schon während dem Erfolg der Weingährung verflüchtigt sich ein großer Theil desselben mit dem kohlenstoffsauren Gas zugleich; und wenn wir dieses auch nicht schon aus der übermäßig betäubenden Wirkung des Dunstes in einem Keller, wo Wein oder Bier in Gährung befindlich ist, wahrnehmen könnten, so würde solches doch durch folgende Erfahrung außer allen Zweifel gesetzt werden.

§. 177.

Man sammle das kohlenstoffsaure Gas, welches durch die Auflösung der Kreide in irgend einer Säure, oder auch durchs Glühen derselben in pneumatischen Geräthschaften entwickelt wird. Man schüttele selbiges in einer gläsernen Flasche so lange mit kaltem Wasser, bis keine Absorbtion desselben mehr erfolgt, und man hebe die Flüssigkeit in einer leicht verstopften Flasche, und bey einer Temperatur von 18 bis 20 Grad, an einem ruhigen Orte auf: das kohlenstoffsaure Gas wird nach und nach aus dem Wasser entweichen, und das Letztere unverändert zurück lassen.

§. 178.

Man sammle dagegen eine hinreichende Portion von demjenigen kohlenstoffsauren Gas, welches während der Fermentation des Weins oder des Biers mit einem zusehenden Geräusch entwickelt wird. Man schüttele solches mit Wasser bis zur völligen Sättigung des letztern, und man verwahre nun das Fluidum, so wie vorher bemerkt worden, in einer leicht verstopften Flasche bey 18 bis 20 Grad Temperatur: dasselbe wird nach einem Zeitraume von fünf bis sechs Wochen in einen schwachen Essig übergegangen seyn.

§. 179.

Jene Erfahrung beweiset hinreichend, daß das aus den der Weingährung unterworfenen Flüssigkeiten sich entwickelnde Gas mit Alkoholdunst gemengt seyn mußte, folglich, daß selbst bey der niedern Temperatur, wobey die Weingährung vorgehet, mit dem kohlenstoffsauren Gas vermengt, Alkohol verflüchtigt wird, und nun die Bildung der Essigsäure in der eben genannten Flüssigkeit veranlassete. Um so mehr muß daher eine dem Erfolg der Essigfermentation so äußerst nachtheilige Verflüchtigung des Alkohols veranlasset werden, wenn man die derselben zu unterwerfende weingahre Flüssigkeit vorher erhitzt, oder solche wohl gar über dem Feuer aufwallen läßt.

## Wirkung der Essigfermente.

§. 180.

Wenn gleich die atmosphärische Luft und eine angemessene Temperatur schon allein hinreichend sind, Wein, Bier und andre weingahre Flüssigkeiten in den Zustand des Essigs überzuführen, so hat uns doch die Erfahrung noch mancherley andere Substanzen kennen gelehrt, welche die saure oder Essiggährung in einem hohen Grade zu begünstigen geschickt sind: und diese werden unter dem gemeinschaftlichen Namen der Essigfermente begriffen.

§. 181.

Die Essigfermente lassen sich füglich unter zwey Klassen rangiren. Zu der ersten gehören diejenigen Substanzen, welche an und für sich selbst in einem Anfang der Essiggährung begriffen sind. Zur zweyten gehören die, welche bey der einwirkenden Luft und Wärme sehr leicht eine saure Gährung einzugehen geeignet sind.

§. 182.

Unter diejenigen Essigfermente, welche schon im Anfang der Essiggährung begriffen sind, gehören folgende: 1) Die Essighefe oder der trübe Rückstand, welcher sich auf abgezogenen Essigfässern befindet; 2) Fässer, welche zu verschiedenen malen mit siedend heißem Essig ausgebrühet worden sind, oder in welchen längre Zeit Essig aufbewahrt worden ist; 3) guter reiner und scharfer Essig; 4) Essigmutter, nehmlich die schleimige Haut, welche sich auf der Oberfläche des Essigs erzeugt, wenn derselbe lange in Fässern aufbewahrt wird; 5) Sauerteig aus Weitzen- Roggen- oder Gerstenmehl bereitet; 6) die Hefe von verdorbnen, nehmlich sauer gewordenen Weinen.

§. 183.

Zu denjenigen Fermenten hingegen, welche zwar an sich selbst noch nicht in der Essiggährung begriffen, aber doch überaus leicht in dieselbe überzugehen geeignet sind, gehören folgende: 1) Junge noch grüne frisch abgepflückte Blätter und Zweige vom Weinstock; 2) die Kämme der Weintrauben, so wie die frisch ausgepreßten Weinbeeren oder Trestern: 3) die Rosinenstiele; 4) frische oder auch getrocknete Johannisbeeren, Stachelbeeren, Himbeeren, Berberitzenbeeren; 5) Getrocknete saure Kirschen; 6) alle gallertartige animalische Substanzen ohne Unterschied.

§. 184.

Was die erste Klasse jener Fermente betrifft (§. 182.), so veranlassen solche in den weingahren Flüssigkeiten einen ähnlichen Erfolg, wie der glimmende Funke einer Kohle im trocknen Holze: so wie jener die Temperatur des Holzes augenblicklich auf denjenigen Grad erhebt, welcher erforderlich ist, dasselbe unter Mitwirkung der Luft zu entzünden, und es dadurch in den Stand zu setzen, den zur Fortdauer seines Brennens nöthigen Sauerstoff aus dem Dunstkreise zu entlocken: eben so werfen die schon in der Essiggährung begriffnen Substanzen den gährenden Keim in die weingahren Flüssigkeiten, und erregen, unter Begünstigung der Temperatur, den Anfang der sauern Fermentation, welche sich dann, so lange der nöthige Zutritt der Luft nicht abgeschnitten wird, von selbst fortpflanzt und unterhält.

§. 185.

Was hingegen die Essigfermente der zweyten Klasse (§. 183.) betrifft, welche noch nicht im Anfange der sauren Gährung begriffen sind, so bestehen dieselben sämmtlich in solchen Materien, die, vermöge ihrer chemischen Grundmischung, dazu geeignet sind, leichter, als die weingahren Flüssigkeiten, Sauerstoff aus dem Dunstkreise einzusaugen, so wie hiedurch die Essiggährung zu veranlassen und sie zu unterhalten.

§. 186.

Nachdem ich hier eine bedeutende Anzahl solcher Essigfermente aufgestellt habe, die, falls es nöthig wäre, noch vermehrt werden könnte, darf ich jedoch nicht aus der Acht lassen zu bemerken, daß bey einer Anwendung der (§. 183. 6.)

gedachten animalischen Substanzen zu diesem Behuf die strengste Vorsicht beobachtet werden muß, wenn nicht der davon zu erwartende Vortheil durch einen größern Nachtheil vernichtet werden soll.

§. 187.

Zwar lehrt die Erfahrung, daß die animalischen Fermente für den Essig, wenn solche in kleinen Quantitäten angewendet werden, den Uebergang der weingahren Flüssigkeiten in Essig in einem hohen Grade erleichtern: eine Wirkung, die wahrscheinlich ihrem regsamen Bestreben zur Entmischung beygemessen werden muß.

§. 188.

Aber die Erfahrung lehrt auch gegenseitig, daß die durch die animalischen Fermente bewirkten Essige nur einen geringen Grad von Haltbarkeit besitzen, daß sie leichter der faulen Gährung und Fäulniß unterworfen sind: ein Erfolg, der wahrscheinlich dem Stickstoff, der einen vorwaltenden Mischungstheil in ihnen ausmacht, zugeschrieben werden muß.

## Wirkung der Alkohol- und Zuckerreichen weingahren Flüssigkeiten.

§. 189.

Die weingahren Flüssigkeiten, aus welchem Material sie auch gewonnen worden sind, liefern während der sauren Gährung immer einen um so stärkern oder an Säure reichhaltigern Essig, je weniger Wäßrigkeit und je mehr Alkohol und Zuckertheile derselbe gelöst enthielt: eine Wahrheit, von der sich jeder Essigfabrikant täglich durch die Erfahrung überzeugen kann.

§. 190.

Jener Umstand darf uns auch um so weniger in Verwundrung setzen, da bereits aus dem früher erörterten bekannt ist, daß der Zucker insbesondre denjenigen Stoff ausmacht, aus dessen Elementen die Bildung des Alkohols hervorgehet; auch daß Zucker und Alkohol zur Säurebildung in einem hohen Grade geneigt sind.

§. 191.

Wenn indessen gleich zugegeben werden muß, daß der Alkohol zur Erzeugung eines guten starken dauerhaften Essigs ein so nothwendiges als unentbehrliches Requisit ausmacht; so würde man sich doch sehr irren, wenn man in einem fertigen guten Essig, die Gegenwart des Alkohols als Gemeng- oder Bestandtheil, noch suchen, oder sogar die Stärke des Essigs von dessen Gegenwart in ihm ableiten wollte.

§. 192.

Der Alkohol, welchen die weingahren Flüssigkeiten enthalten, wirkt vielmehr als ein Mittel, welches, in Vermengung mit der Wäßrigkeit, die zur Essiggährung nothwendige Einsaugung des Sauerstoffs aus dem Dunstkreise, in einem vorzüglichen Grade begünstigt, und zu gleicher Zeit denselben auch an den Zuckerstoff überführt.

§. 193.

Der Alkohol muß also bey der Essiggährung seiner ganzen Natur nach verändert, er muß total in Essig übergeführt werden; auch würde neben der gebildeten Essigsäure nicht zugleich Alkohol im Essig bestehen können, ohne eine neue Mischung mit derselben einzugehen und ohne ein neues Produkt zu erzeugen, das man unter den chemischen Erzeugnissen mit dem Namen Essigäther belegt.

§. 194.

Einen solchen Essigäther findet man auch allerdings in denjenigen Arten des Essigs vorzüglich gegenwärtig; die aus schweren zucker= und geistreichen Weinen, z. B. den spanischen und ungarischen Weinen, bereitet worden sind. Der angenehme balsamische Geruch solcher Essige, der dem des Essigäthers so ähnlich ist, so wie das liquide balsamisch riechende und leicht entzündliche Wesen, welches während dem Anfange der Destillation solcher Essige in die Vorlage übergehet, geben hiervon einen sehr deutlichen Beweis,

§. 195.

Da übrigens nicht das Wasser und die groben Schleimtheile in den weingahren Flüssigkeiten, sondern, außer dem Alkohol, der Zucker, der Schleimzucker und die Aepfelsäure, diejenigen Substanzen ausmachen, welche bey der sauren Gährung in den Zustand des Essigs übergeführt werden; da ferner die Stärke und Bonität einer weingahren Flüssigkeit von der Quantität jener darin enthaltenen Materien abhängig ist; so folgt auch hieraus ganz natürlich von selbst, daß unter diesen Umständen aus dergleichen starken weingahren Flüssigkeiten, auch ein so viel stärkerer Essig erzielet werden muß, weil dessen Stärke allemal mit der Quantität an wahrer Essigsäure im Verhältniß steht, welche in einem bestimmten Umfange desselben enthalten ist.

§. 196.

Wenn daher der berühmte Chaptal, (in seiner lehrreichen Abhandlung über die Weine), die Behauptung aufstellt, daß die mittägigen Weine, welche reich an Geist oder Alkohol sind, auch die besten Essige darbieten; ferner, daß, wenn man den schwächern Weinen einen Zusatz von Alkohol giebt, solche dadurch in den Stand gesetzt werden, einen guten und haltbaren Essig zu liefern: so stimmt alles dieses mit der Erfahrung und mit den früher aufgestellten Grundsätzen vollkommen überein.

# Vierter Abschnitt.

## Von den verschiedenen Substanzen, aus welchen Essig bereitet werden kann; von der Werkstatt des Essigfabrikanten; von den in einer Essigfabrike erforderlichen Geräthschaften, so wie von der Zubereitung der Essigmutterfässer.

## Erste Abtheilung.

### Von den Substanzen, aus welchen Essig bereitet werden kann.

§. 197.

Es ist schon oft erörtert worden, daß alle weingahre Flüssigkeiten, wenn solche unter den erforderlichen Bedingungen der Essigfermentation unterworfen werden, einen Essig zu produciren vermögend sind; und eben so ist es erwiesen worden, daß der Zucker, die Aepfelsäure und der Alkohol die hauptsächlichsten Grundstoffe oder bildenden Gemengtheile in jenen Substanzen ausmachen, welche die Grundlagen zur Bildung des Essigs darbieten.

§. 198.

Hieraus folgt also, daß alle diejenigen Produkte des Pflanzenreichs, ja selbst einige aus dem Thierreich, deren natürliche Grundmischung von einer solchen Art ist, daß sie die Weingährung einzugehen vermögen, auch als Grundlagen der Essiggährung betrachtet werden müssen: denn es ist als ein allgemeiner Grundsatz anzunehmen, daß alles, was Weingahr ist, auch Essiggahr werden kann.

§. 199.

Aus eben dem Grunde können daher die Grundlagen zur Bildung des Essigs sehr verschieden seyn, wenn nur in ihrer Grundmischung eine Analogie obwaltet: weil nicht die Form, der Name, oder die natürliche Abstammung, sondern allein die Grundmischung den Karakter und die innern Qualitäten derselben bestimmt.

§. 200.

Also nicht bloß der wirkliche Wein ist es, welcher in Essig umgeändert worden, sondern derselbe wird auch gewonnen, wenn wir die weingahren Auflösungen des Zuckers, des Syrups, des Honigs, so wie die weingahren Säfte der Aepfel, Birnen, Pflaumen, Himbeeren, Erdbeeren, Stachelbeeren, Johannisbeeren, Schlehen, Brombeeren, Heidelbeeren, Ahlbeeren, Fliederbeeren, Ebereschenbeeren, so wie die Kirschen und Hanebutten, mit oder ohne Zusatz von etwas Alkohol und einem schicklichen Essigferment, der Essiggährung unterwerfen.

§. 201.

Endlich müssen zu den Grundlagen der Essigerzeugung auch noch gerechnet werden die weingahren Säfte der verschiedenen süßen Rübenarten und anderer Wurzelgewächse: als Runkelrüben, weiße Beeten, rothe Rüben, Mohrrüben oder Carotten, Zuckerwurzeln, Pastinakwurzeln; ferner die Säfte der mit einem Zusatz von Wasser zerquetschten und ausgepreßten Wurzeln vom Löwenzahn, so wie die der Gras= oder Queckenwurzeln, und der jungen Stauden vom türkschen Weitzen; endlich die mit siedendem Wasser gemachten Extraktionen der Rosinen, der gemalzten und ungemalzten Getraidearten, vorzüglich des Weitzens und der Gerste, nachdem solche die Weingährung überstanden haben, mit oder ohne die vorher genannten Zusätze der Essiggährung unterwirft; welches auch selbst dann der Fall ist, wenn die von den käsigen Theilen befreyete saure Milch, nemlich die Molke, einer gleichen Behandlung unterworfen wird.

## §. 202.

Alle die Naturprodukte, woraus die eben genannten weingahren Flüssigkeiten gewonnen werden, zeichnen sich in ihrer Form, so wie in ihrer Abstammung und ihrem äußern Karakter gewöhnlich so verschieden aus, und dennoch kommen solche in ihrer Grundmischung sämmtlich darin überein, daß sie Zuckerstoff, Schleim und Pflanzensäuren, oder auch mehlartiges Wesen enthalten: alles Materien, welche sowohl zur Bildung des Weins als des Essigs, in einem gleichen Grade geschickt sind.

## §. 203.

Wenn indessen gleich die wein= und essigbildenden Prinzipien, in jenen verschieden gearteten Naturstoffen dieselben sind, so sind doch die anderweitigen Gemengtheile, welche sie enthalten, so verschieden, und deren Einfluß auf die Beschaffenheit des durch sie gewonnenen Essigs so wichtig, daß wir hierin allein den zureichenden Grund erkennen, warum die Essigarten, welche man aus jenen Substanzen gewinnt, sowohl in ihrer Grundmischung, so wie in der Farbe, im Geruch, im Geschmack und in vielen andern Eigenschaften, so sehr von einander abweichen; ob schon die wahre Essigsäure in ihnen immer dieselbe ist.

§. 204.

Nach dieser Darstellung darf es uns nicht auffallend seyn, wenn die im Handel vorkommenden Arten des Essigs so verschieden sind; und warum man es für nöthig erachtet hat, ihnen Beynahmen zu geben, die sie von einander auszuzeichnen geschickt sind, wie Weinessig, Zuckeressig, Obstessig, Bieressig, Milchessig und viele andre.

§. 205.

So kennen wir also eine sehr große Anzahl von Pflanzenprodukten, welche, unter einer zweckmäßigen Behandlung, guten und brauchbaren Essig zu liefern geschickt sind, und es ist zu wünschen, daß viele derselben, die bis jetzt zu einem solchen Behuf fast noch gar nicht angewendet werden, auf Essig bearbeitet werden möchten; man würde die Getraidearten und viele sonst gebräuchliche Substanzen dadurch ersparen; und man würde neue Arten der Essige produciren, die, sey es zur Oekonomie oder zum Behuf der Fabriken und Manufakturen, eine neue Erwerbsquelle darbieten würden.

§. 206.

Da aber jede Art dieser Essige eine eigene Methode zur Darstellung erfordert; da jede derselben besondere Handgriffe und Regeln nöthig macht, auf deren genaue Beobachtung unendlich viel ankommt, wenn ein glücklicher Erfolg erzielt werden soll: so werde ich fernerhin von der Fabrikation einer jeden einzelnen Essigart eine detaillirte Beschreibung geben, und zwar in solcher Art, daß sowohl der Essigfabrikant, wie der Landwirth, so wie jede Familie für ihren häuslichen Bedarf sich ihren Essig danach mit Zuversicht verfertigen kann.

---

# Zweyte Abtheilung.

## Von der Werkstatt des Essigfabrikanten.

### §. 207.

Das erste, worauf ein Essigfabrikant vor allen Dingen Rücksicht zu nehmen hat, ist die Anlage seiner Werkstatt, und zwar insbesondere desjenigen Raums in derselben, in welchem die saure oder Essiggährung der weingahren Flüssigkeiten, von welcher Art sie auch seyn mögen, veranstaltet werden soll, wenn man auf einen günstigen Erfolg Rechnung machen will.

### §. 208.

Jene Werkstatt muß, wo möglich, frey an einem solchen Orte placirt seyn, wo die Luft überall einen freyen Zutritt hat. Sie muß aber auch dicht genug, und mit solchen Materien ausgeschlagen seyn, welche schlechte Leiter der Wärme ausmachen, folglich ihrer schnellen Abwechslung Widerstand leisten; endlich muß dieselbe mit Feuerkanälen durchzogen seyn, welche, gleich den Treibhäusern, von außen geheizt werden, um stets die erforderliche gleichförmige Temperatur im innern Raume zu unterhalten. Sind diese Bedingungen vorhanden, so kann jedes Gebäude, jede einzelne Stube als Werkstätte zur Essiggährung dienen.

§. 209.

Um aber die Essiggährung ununterbrochen fortsetzen zu können, muß eine zweyte ähnliche Einrichtung vorhanden seyn, welche dazu bestimmt ist, die Weingährung der dazu erforderlichen Flüssigkeiten darin zu veranstalten; um solche zur Essiggährung vorzubereiten.

§. 210.

Endlich ist es ein nothwendiges Requisit jeder Essigfabrik, daß sie mit geräumigen, trocknen, luftigen und kühlen Kellern versehen ist, um den fertigen Essig darin aufzubewahren, und solchen vor dem Verderben zu schützen: ein Umstand, auf welchen in den meisten Essigfabriken zu wenig Rücksicht genommen wird, der aber bey großen Anstalten, die ihr Fabrikat nicht in dem Augenblick seiner Entstehung wieder absetzen können, die größte Aufmerksamkeit verdient.

---

# Dritte Abtheilung.

## Von den in einer gut eingerichteten Essigfabrik erforderlichen Geräthschaften.

§. 211.

Das zweyte, worauf man bey der Anlage einer Essigfabrik Rücksicht zu nehmen hat, bestehet in den dazu erforderlichen Geräthschaften. Dahin gehören erstlich eine der Größe der Fabrikation angemessene Anzahl Fässer von Eichenholz, von 200 Quart bis zu 300 Quart Inhalt. Man wählt dazu am besten alte Weinfässer, oder Fässer, worauf Essig gelegen hat, welche im letztern Fall keiner weitern Vorbereitung bedürfen: sie sind dazu bestimmt, um die Weingährung oder auch die Essiggährung darin zu veranstalten, und werden, nach der gehörig erhaltenen Vorbereitung, Essig-Mutterfässer genannt.

## §. 212.

Um aber den fertigen Essig zu klären, und ihn aufzubewahren, werden zweitens eine der Fabrikation angemessene Anzahl größere Fässer erfordert, welche ich unter dem Namen der Magazinfässer begreife. Auch hiezu sind schon gebrauchte Weinfässer sehr geschickt, deren Inhalt 200 bis 500 Quart fassen kann; aber auch sie erfordern erst noch eine besondre Zubereitung.

## §. 213.

Ferner wird erfordert: 1) ein Kessel von reinem englischen Zinn, der wenigstens 200 Quart Inhalt fassen kann, und welcher in einer dazu bestimmten Küche neben der Säurungsstube eingemauert ist. 2) Ein kleinerer Kessel von englischen Zinn, der 20 bis 30 Quart Inhalt fasset, und gleichfalls eingemauert ist. Kupferne Kessel müssen schlechterdings vermieden werden, weil selbige dem Essig Grünspan mittheilen, und ihn für die Gesundheit schädlich machen können. Wer im kleinen operiren will, um sich Essig zum häuslichen Gebrauch zu verfertigen, bedarf nur eines kleinern tragbaren, nicht eingemauerten Kessels.

§. 214.

Endlich gehören an kleinern Geräthschaften hieher: 1) Stechheber von Glas; 2) Schenkelheber von verzinntem Eisenblech; 3) Trichter von verzinntem Eisenblech; 4) Trichterwannen von Eichenholz, die in ihrem Boden eine anderthalb Zoll weite runde Oeffnung haben, welche mit einer aus englischem Zinn verfertigten gekrümmten Dillen versehen sind; 5) Hölzerne Bottiche und Eymer von verschiedenem Inhalt; 6) Große und kleine Wannen von Eichenholz; 7) Hölzerne Rührkrücken; 8) Seihetücher von Molton; 9) Filtrirbeutel von Molton und Filz; 10) Hölzerne Hähne; messingene müssen schlechterdings verworfen werden; 11) einige gute Thermometer mit gläsernen Skalen, um die Temperatur der Gährungsstube damit zu beobachten.

---

# Vierte Abtheilung.

## Von der Zubereitung der Essigmutterfässer, so wie der Magazinfässer.

§. 215.

Die Essig-Mutterfässer, welche dazu bestimmt sind, die saure oder Essiggährung darin zu veranstalten, erfordern einer eignen Vorrichtung, die im Folgenden besteht. Man bohrt zwey Zoll weit vom Falze des einen Bodens ab eine runde Oeffnung, welche zwey Zoll Durchmesser hat. Sie dienet 1) dazu, die Fässer mittelst der gekrümmten Dille (§. 214. 4.) einer Trichterwanne, mit der weingahren Flüssigkeit zu füllen; 2) um der fermentirenden Masse die nöthige Luft zuzuführen; 3) den fertigen Essig, mittelst Hebern, in andre Gefäße abzuleiten.

§. 216.

Kannn man alte Fässer erhalten, auf welchen Essig gelegen hat, so sind diese zu den Mutterfässern am geschicktesten. Ist man aber in die Nothwendigkeit gesetzt, neue Fässer machen zu lassen, dann erfordern diese noch einer besondern Vorbereitung, welche dahin abzweckt, die auslaugbaren Theile des neuen Eichenholzes daraus hinweg zu schaffen, und ihre Zwischenräume möglichst vollkommen mit Essig zu durchdringen. Um dieses zu veranstalten, kann man sich einer verschiedenen Methode bedienen.

§. 217.

Die erste Methode bestehet im Folgenden. Man macht guten Essig in einem zinnernen Kessel siedend heiß, so daß auf ein Faß, dessen Inhalt 200 Quart beträgt, wenigstens zehn Quart genommen werden. Man gießt den siedend heißen Essig in das Faß, verschließt alle Oeffnungen desselben, rollet das Faß ein Paarmal wohl um, und läßt solches dann zehn bis zwölf Stunden ruhig liegen, bis alle Pori des Holzes mit Essig durchzogen sind, welches man am besten daran erkennet, daß, wenn man beym Oeffnen des Spundes oder der Seitenöffnung die Nase darüber hält, oder mit dem Munde den Dunst einsaugt, in beyden Fällen die eigne stechende Empfindung des ausdunstenden Essigs wahrgenommen wird.

§. 218.

Eine zweyte noch vorzüglichere Verfahrungsart die Mutterfässer vorzubereiten, bestehet in dem Nachfolgenden. Man verschaffet sich eine nicht glasurte irdene Flasche, noch besser eine von Porzellan oder Sanitätsgut. Man füllet sie halb voll, mit einem guten starken Essig, setzt sie in ein eisernes Gefäß mit Sand umschüttet, (Sandbad genannt), das in einem Destillirofen placirt ist.

§. 219.

Man verschließt hierauf die Mündung der Flasche mit dem kürzern Schenkel einer heberförmig gebogenen Röhre, aus englischem Zinn, die durch einen angebohrten Korkstöpfel hindurch gehet, so luftdicht wie möglich, wogegen der längere Schenkel, der mit seiner Oeffnung bis auf den untern Theil des Fasses reichen muß, in die Spundöffnung des Fasses eingeführt wird. So vorgerichtet erhitzt man nun das Sandbad so lange, bis der in der Flasche befindliche Essig in ein gewaltsames Sieden geräth, und unterhält dies so lange, bis aller angewandte Essig in Dämpfe aufgelöst, und aus der Flasche verschwunden ist.

§. 220.

Bey dieser Operation wird der Essig nach und nach in einen sehr elastischen Dunst aufgelöst, der sich mit Gewalt entwickelt, durch die Oeffnung des heberförmigen Leitungsrohrs in den innern Raum geführt, und in demselben gleichförmig verbreitet wird. Da dieser Essigdunst, weil derselbe beym Sieden des Essigs im verschloßnen Raume gebildet worden ist, einen höhern Grad der Temperatur besitzt, als der Dampf des siedenden Wassers, so durchdringt derselbe die Poren der Faßstäbe mit Gewalt, treibt die darin eingeschlossene Luft heraus, und durchziehet sie so innig mit der Säure des Essigs, daß die Fässer vollkommen damit durchdrungen werden, und nun eben so gut sind, als wenn man Jahre lang guten Essig darin aufbewahrt hätte.

§. 221.

Was hier von der Vorbereitung der zur sauren Fermentation anwendbaren Essig-Mutterfässer gesagt worden ist, findet auch auf die Vorbereitung der Magazinfässer eine Anwendung, es mögen neuangefertigte Fässer oder solche seyn, die zum Aufbewahren des Weins und des Brandweins bereits gedient haben. Nur ist dabey zu bemerken, daß die ganz neu angefertigten Fässer der vorbereitenden Operation mit Essigdämpfen mehreremale unterworfen werden müssen, um auch die extraktiven Theile des Eichenholzes vollkommen hinweg zu schaffen; wogegen die Wein- und Brandweinfässer nur einer einmaligen Ausbrühung bedürfen.

## Fünfter Abschnitt.

### Von der Fabrikation des ächten Weinessigs.

### Allgemeine Bemerkung.

§. 222.

Die Fabrikation des ächten Weinessigs ist vorzüglich ein Erwerbszweig derjenigen Länder, welche die Natur durch Lage, Clima und Boden zum Anbau des Weins gleichsam bestimmt zu haben scheint; und dies ist der Fall bey allen südlich gelegenen Provinzen Europas.

§. 223.

Was hingegen die Natur den Bewohnern der südlichen Gegenden zum freywilligen Geschenk gemacht hat, haben die Bewohner der nördlichen Gegenden durch Scharfsinn, Fleiß, Beharrlichkeit und eine unermüdete Industrie von der Natur zu erzwingen gesucht.

§. 224.

Die Bewohner des nördlichern Europas haben die Kultur und den Wachsthum des Weinstocks sich zu eigen gemacht; und wenn gleich hartes Clima, früheintretender Frost und manche andre natürliche Ereignisse ihren Trauben nie den Zustand der Reife, der Reichhaltigkeit an Zuckerstoff, so wie den von beyden abhängigen süßen angenehmen

Geschmack erreichen lassen; so ist ihr Saft dennoch geeignet, einen brauchbaren Essig darzustellen, wenn gleich derselbe weniger geschickt ist, einen feurigen trinkbaren Wein zu bilden.

§. 225.

Wenn daher Deutschland schon nicht im Besitz der feurigen geistreichen Weine ist, deren sich Frankreich und die südlich gelegenern Länder rühmen dürfen, so befindet es sich doch in der Lage Weinessig zu produciren; und es muß ihm erlaubt seyn diejenigen Regeln, Vorschriften und Manipulationen dabey anzueignen, welche die französischen Weinessigfabriken, durch einen vieljährigen ausgedehnten Betrieb dieses wichtigen Erwerbszweiges, auf einen großen Grad von Vollkommenheit empor gehoben haben.

§. 226.

Herr Parmentier, ein französischer Chemiker, der sich in Ausmittelung der wissenschaftlichen Grundsätze, um die Fabrikation des Weinessigs viele Verdienste erworben hat, hat uns ein genaues Verfahren derjenigen Operationen mitgetheilt, deren sich die Weinessigfabrikanten in Orlean bedienen; ich werde sie daher zur Basis nehmen, um die deutsche Weinessigfabrikation darauf zu gründen; indem ich dasjenige einverleiben werde, was unsre inländische Weine, die weniger zucker- und geistreich sind, nothwendig erfordern, wenn solche, gleich den französischen, starke und dauerhafte Essige darbieten sollen.

§. 227.

Indem ich aber hier eine Beschreibung mittheile, wie nach den Grundsätzen der französischen Fabrikanten, der ächte deutsche Weinessig bereitet werden kann und muß, wenn man ein schönes Produkt gewinnen will, werde ich nichts aufstellen, was ich nicht durch eigene Erfahrung bewährt gefunden habe; und dieses wird hoffentlich meinen Bemerkungen und Vorschriften einen Werth mittheilen, der ihnen in den Händen des praktischen Künstlers eine Zuverläßigkeit gewährt, bey welcher derselbe mit Sicherheit operiren kann.

§. 228.

Es ist eine allgemein bekannte Erfahrung, daß der Weinessig im Handel einen geringern Werth besitzt, als der Wein selbst; und dieser Umstand ist hinreichend die Essigfabrikanten zu veranlassen, sich selten guter feuriger Weine zur Fabrikation des Essigs zu bedienen. Sie wählen zu dem Behuf gemeiniglich diejenigen aus, welche wegen ihrer Schwäche nicht trinkbar sind, oder solche, die einen Anfang der Verderbniß erlitten haben, oder die schon von selbst eine anfangende Essiggährung erlitten haben.

§. 229.

Da indessen die Stärke des Essigs von der Bonität des dazu genommenen Weins, und diese wieder von dessem Gehalt an Zuckerstoff und Alkohol abhängig ist; so siehet man sehr leicht, daß, wenn dergleichen schwache Weine einen hinreichend starken Essig darbieten sollen, ihnen diejenigen Bestandtheile auf einem künstlichen Wege ersetzt werden müssen, welche ihnen von der Natur versagt worden sind.

§. 230.

Nur allein die geschwefelten Weine sind zur Fabrikation des Essigs nicht brauchbar: denn sie wiederstehen der Essig-

gäh-

gährung in einem hohen Grade; und wir müssen daher glauben, daß die unvollkommne Schwefelsäure, nemlich die schweflichte Säure, welche beym Schwefeln der Weine mit ihnen in Anziehung tritt, während solche den Fortgang der Weingährung unterbricht, auch der sonst im Wein fortdauernden Erzeugung des Alkohols hinderlich ist, von dessem Daseyn doch die Güte des gebildeten Essigs so sehr abhängig ist.

§. 231.

Indessen ist es auch möglich, daß, wie Herr Parmentier voraussetzt, die mukösen oder schleimigen Theile des Weins, durch die unterbrochne Fermentation ihren weinartigen Karakter verlieren, und nun, wenn ihnen die zur Essigbildung erforderliche Fermentation ertheilt werden soll, gleich in den dritten Grad, nemlich die faule Gährung, übergehen.

§. 232.

Jene Hypothese ist auch um so wahrscheinlicher, da man sich von der Unterbrechung der fermentirenden Bewegung des Weins durch die schweflische Säure keinen andern Begriff machen kann, als daß die kleinsten Wassertheilchen dieser Säure, sich mit denen des noch nicht ausgegohrnen Schleims vereinigen, und in dieser Vereinigung ein neues Produkt erzeugen, das nun denjenigen Modifikationen nicht mehr unterworfen seyn kann, welchen die unveränderten Bestandtheile des Weins unterworfen waren; folglich daß alsdann auch die Essiggährung nicht unter den Umständen statt finden kann wie sonst.

§. 233.

Was nun die Fabrikation des ächten Weinessigs selbst betrifft, so kann dieselbe auf einem verschiedenen Wege veranstaltet werden, nemlich: 1) aus fertigen Wein; 2) aus Halbwein oder Lauer, und 3) aus Weinmost. Jede Darstellungsart erfordert indessen eine eigene Methode; und ich werde daher bemühet seyn, die verschiedenen Verfahrungsarten einzeln zu beschreiben, welche angewendet werden müssen, wenn der Essig aus der einen oder der andern Substanz angefertigt werden soll.

---

# Erste Abtheilung.

## Fabrikation des Weinessigs aus fertigem Wein.

§. 234.

Angenommen, daß jedes zum Essig bestimmte Mutterfaß 200 Berliner Quart Inhalt fasset, und 24 solche Mutterfässer, die nach der (§. 217 bis 219.) beschriebnen Methode vorbereitet sind, in Arbeit gesetzt werden sollen, so werden sie in der Gährungsstube, nachdem solche vorher bis auf eine Temperatur von 20 bis 25 Grad Reaumür wohl durchgeheitzt worden ist, nun folgendermaßen vorgerichtet. Man placirt diese Fässer auf die dazu bestimmten Lager, welche aus starken Balken verfertigt sind, so übereinander, daß sie drey Etagen formiren. Man läßt die Spundlöcher offen, und giebt ihnen eine solche Lage, daß die Seitenöffnungen unter dem Falze (§. 215.) nach der Seite hin zu stehen kommen, wo der meiste Raum ist.

§. 235.

Ist dieses alles vorgerichtet, so schreitet man zur Vorbereitung des zur Essiggährung bestimmten Weins, indem derselbe mit dem sauern Ferment in Vermengung gesetzt wird. Zu dem Behuf füllet man in jedes Mutterfaß 50 Quart guten Weinessig, der vorher in einem zinnern Kessel bis zum völligen Sieden erhitzt worden ist, und läßt nun das Ganze acht Tage lang ruhen, nachdem man vorher sowohl die Spund- als die Seitenöffnung der Fässer wohl verschlossen hat.

§. 236.

Nachdem die ersten acht Tage verstrichen sind, füllet man in jedes Mutterfaß, zu dem schon darin befindlichen Essig, zehn Quart desjenigen Weins, der in Essig umgeändert werden soll, und läßt nun, bey geöffneter Spund- und Seitenmündung, abermals alles acht Tage lang ruhen, wobey die Temperatur der Säurungsstube ununterbrochen auf 18 bis 20 Grad Reaumür erhalten werden muß, welcher durch ein in der Mitte der Stube frey aufgehängtes Thermometer am besten beobachtet wird.

§. 237.

So fährt man fort von acht Tagen zu acht Tagen, jedesmal zehn Quart Wein nachzufüllen, welches so oft wiederholt wird, bis jedes einzelne Mutterfaß so weit gefüllet ist, daß das Fluidum bis an die Seitenöffnung der Fässer empor reicht; wobey es aber eine Hauptbedingung bleibt, daß die Temperatur der Gährungsstube beständig zwischen 18 und 20 Grad abwechselt.

§. 238.

So wird vom Tage der ersten Anstellung, bis zu dem Zeitpunkte, wo die Fässer gefüllt sind, ein Zeitraum von 11 bis 12 Wochen erfordert. Von nun an bleiben die Fässer noch 15 bis 18 Tage ruhig liegen, und der Wein ist nun in den Zustand des Essigs übergeführt; so daß derselbe auf die Magazinfässer abgezogen werden kann. Auf diese Art gewinnt man also, während einem Zeitraum von ohngefähr drey Monaten, 24 Oxhoft fertigen ächten Weinessig, der nun, nachdem er sich gehörig geklärt hat, Kaufmannsgut darstellt.

§. 239.

Bey dem Gange dieser Operation kommt alles darauf an, sie so zu regieren, daß die Essiggährung ohne Unterbrechung fortwaltet, wozu eine gleichförmig unterhaltene Temperatur unendlich viel beyzutragen vermögend ist: denn jede Unterbrechung derselben stört den Erfolg der Fermentation, und hat auf die Essigbildung einen nachtheiligen Einfluß.

§. 240.

Die Kennzeichen, woran man beurtheilen kann, ob die Essigmutter in den Fässern gut und regelmäßig arbeitet, nemlich ob der höchste Grad der sauern Fermentation obwaltet, bestehen im Folgenden.

§. 241.

Man stecke in die Seitenöffnung des Mutterfasses, dessen Inhalt man untersuchen will, einen aus der Daube eines

Essigfasses verfertigten Stab, so daß solcher in die gährende Masse eintaucht, und ziehe denselben wieder heraus. Ist dessen benetzter Theil mit einer weißen schaumartigen Materie überzogen, welche durch die saure Gährung der Masse gebildet wird, so giebt dieses einen Beweis, daß sie in Arbeit ist.

§. 242.

Wer sich schon eine gewisse Routine erworben hat, dem genügt es, bloß das Thermometer zu beobachten, um aus der Temperatur der Gährungsstube zu beurtheilen, ob das Arbeiten der Mutterfässer von einer solchen Art ist, daß die Masse weder zu schwach noch zu stark operirt.

§. 243.

Wer hierin aber noch nicht geübt ist, der muß die Probe mit dem Stabe von Zeit zu Zeit wiederholen, um aus der größern oder geringern Menge des gebildeten Schaums zu beurtheilen, ob die Fermentation regelmäßig, zu schwach, oder zu stark ist.

§. 244.

Stehet der Schaum sehr hoch und dick, drängt sich derselbe zur Seitenöffnung des Fasses heraus: dann kann man sicher schließen, daß die Essigmutter zu stark arbeitet, oder, was gleich viel sagen will, daß die Temperatur des Zimmers zu hoch gestiegen ist: ein Umstand, der sehr oft eintritt; und man muß dann die Masse abkühlen oder schrecken, welches dadurch verrichtet wird, daß man früher, als es sonst geschehen seyn würde, frischen Wein nachfüllet, welches jedoch nur bey denjenigen Fässern zu beobachten ist, welche wirklich zu stark fermentiren; da solches im Gegentheil bey denjenigen, welche einen ruhigen und regelmäßigen Gang der Fermentation befolgen, nicht erfordert wird.

§. 245.

Als eine wesentlich nothwendige Regel ist zu bemerken, daß man zum Nachfüllen der Mutterfässer keinen andern als einen sehr klaren Wein anwende. Hat man diesen in der erforderlichen Quantität vorräthig, so ist es sehr gut. Ist man hingegen gezwungen mit trübem Wein zu operiren, so muß derselbe vor dem Nachfüllen geklärt werden.

§. 246.

Um das Klären des zum Essig bestimmten Weins auf eine einfache Art zu veranstalten, bringt man den trüben Wein auf Fässer, welche zum dritten Theil mit Sägespänen von Weißbüchenholz angefüllet sind. Kann man sie haben, so setzt man jenen Holzspänen noch frische Weinkämme oder trockne Rosinenstiele zu, weil beyde den Erfolg begünstigen.

§. 247.

Durch jenen Handgriff wird der Zusammenhang zwischen den Theilen des Weins aufgehoben, sie werden mit jenen fremdartigen Substanzen in Berührung gebracht, sie setzen die trüben Hefentheile davon ab, und wenn der Wein drey bis vier Tage auf solchen Fässern geruhet hat, so hat derselbe die verlangte Klarheit angenommen.

§. 248.

Auf jenen Klärungfässern bleibt nun der Wein so lange liegen, bis derselbe abgezogen und zum Anfüllen der Mutterfässer verwendet werden soll. Jenes Abziehen geschiehet dann nicht mit einem mal, sondern nur nach und nach, und zwar in dem Maaße, da der geklärte Wein gebraucht werden soll.

§. 249.

Ist der erste Ansatz des Weins in Essig umgeändert, so ziehet man solchen mittelst hinein geleiteten Hebern klar ab, um ihn in diejenigen Fässer zu bringen, in welchen derselbe aufbewahrt werden soll. Diese werden nun vollkommen damit angefüllet, luftdicht verschlossen, und, am besten in einem kühlen Keller, auf dazu bestimmten Lagern aufbewahrt.

§. 250.

Ist die Essiggährung einmal in Gang gesetzt, und ist die Bildung der ersten Portion überstanden, so hat man bey einer neuen Anstellung nicht nöthig, die Mutterfässer mit hineingegoßnen siedendheißem Essig vorzubereiten, oder dem neuen Wein, welcher in Essig umgeändert werden soll, ein neues Essigferment zu geben.

§. 251.

In diesem Fall ist es vielmehr hinreichend, wenn der fertige Essig nun so weit abgezogen wird, daß die Fässer wenigstens zum dritten Theil damit gefüllet bleiben. Der rückständige Essig bildet nun das Ferment für den neu hinzukommenden Wein, der gesäuert werden soll; und wenn man nur darauf Bedacht nimmt, daß nun der zu säuernde Wein in kleinen Portionen, nemlich zu zehn Quart mit einem mal, hinzugefüllet wird, so kann die Essigfabrikation ununterbrochen fortgesetzt werden.

§. 252.

Die hier beschriebne Verfahrungsart, den Wein in Essig umzuändern, ist von der Beschaffenheit, wie solche vorzüglich in solchen Gegenden Deutschlands angewendet werden kann, wo der Weinbau florirt, und man, in Ermangelung eines erforderlichen Absatzes des Weins, ihn in Essig umändern will.

§. 253.

Eben so ist die hier gegebne Vorschrift von einer solchen Art, daß diejenigen Fabrikanten, welche die Essigbereitung im Großen betreiben wollen, mit Zuversicht darnach arbeiten können; und sie werden sich stets eines glücklichen Erfolgs, so wie eines tadelfreyen Fabrikats zu erfreuen haben.

---

# Zweyte Abtheilung.

## Fabrikation des Weinessigs aus dem Lauen oder Halbwein.

§. 254.

In den meisten Gegenden, wo der Weinbau betrieben wird, pflegt man die Trestern oder Trebern, welche nach dem Keltern oder Auspressen der Weinbeeren übrig bleiben, zum Viehfutter zu verwenden, und nur den erhaltenen Saft oder Most allein auf Wein zu benutzen.

§. 255.

Jenes ist eine sehr fehlerhafte Gewohnheit, die sich auf einen gänzlichen Mangel an Sachkenntniß zu gründen scheint. Wer das Auskeltern der Weinbeeren beobachtet hat, wird bemerkt haben, wie groß die Quantität des Mostes, so wie der Schleim- und Zuckertheile ist, welche noch darin zurückbleiben; und es ist daher Verschwendung, wenn man die Rückstände ohne weitere Benutzung dem Vieh zum Futter reichen will.

§. 256.

Uebergießt man jene Trestern mit ihrem gleichen Umfang von Wasser, das bis auf 50 bis 60 Grad Reaumür erhitzt ist, läßt man solche in dieser Vermengung in einem hölzernen Bottich mittelst hölzernen Schuhen recht gut untereinander treten, und presset man hierauf den Saft aus, so gewinnt man noch eine ansehnliche Portion eines schwächern Mostes, welcher, wenn er ohne weitern Zusatz der Weingährung unterworfen wird, einen schwächern Wein darstellt, den man Lauer oder Halbwein zu nennen pflegt.

§. 257.

Da jener Lauer oder Halbwein aber weniger reich an Alkohol und Zuckertheilen ist, als der Wein selbst, so ist auch nicht zu erwarten, daß derselbe einen eben so starken und kraftvollen Essig darbieten soll, wie jener; und es ist aus dem Grunde nothwendig, um den Lauer in brauchbaren Essig umzuändern, daß man ihm vor dem Uebergange in die saure Gährung, die nöthigen Zusätze ertheilt.

§. 258.

Will man daher den Lauer oder Halbwein auf Essig bearbeiten, so muß man folgendermaßen dabey zu Werke gehen. Man vermenge den Lauer mit dem zehnten Theil seines Umfanges von gutem Getraidebrandwein, der so reich an Alkohol ist, daß das Alkoholometer wenigstens 30 Procent darin andeutet.

§. 259.

So mit Brandwein gemengt, bedarf der Lauer nun keines weitern Zusatzes, um einen Essig darzubieten, der dem ächten Weinessig sowohl an Stärke als an allen übrigen Eigenschaften völlig gleich kömmt; und nun ganz die Stelle desselben ersetzen kann.

§. 260.

Um aber den Uebergang des mit Brandwein gemengten Lauers in Essig zu veranlassen, bedarf es noch der sauren Fermentation desselben. Diese wird ganz nach derselben Vorschrift, und ganz unter Beobachtung derselben Cautelen veranstaltet, welche zur Darstellung des ächten Weinessigs (§. 234 bis §. 252.) angegeben worden ist.

§. 261.

Hat man die Absicht, einen solchen aus Lauer bereiteten Essig zum Behuf der Fabriken und Manufakturen zu verwenden, wobey es nicht auf einen sonderlichen Grad von Reinheit im Geruch und Geschmack ankommt, so ist jeder gewöhnliche Getraidebrandwein dazu brauchbar, wenn solcher nur den angegebenen Grad der Stärke besitzt. Soll ein solcher Essig aber als Nahrungsmittel, zum Gebrauch in der Küche, oder zur Zubereitung der zusammengesetzten Essige angewendet werden, dann erfordert derselbe einen reinen Brandwein, zu welchem Behuf der gemeine Getraidebrandwein erst gereinigt oder entfuselt werden muß, eine Operation, die auf folgende Art veranstaltet werden kann.

§. 262.

Man verschaffe sich eine gut ausgeglühete Holzkohle, am besten aus Lindenholz oder auch Espen- und Weidenholz, nemlich eine solche, welche nur glimmt, ohne sich flammend zu entzünden. Man stoße solche zu einem zarten durchgesiebten Pulver. Man bringe nun soviel von jenem Kohlenpulver in ein Faß, so daß für jedes Berliner Quart Brandwein, den man entfuseln will, sechs Loth Kohlenpulver zu stehen kommen.

§. 263.

Man fülle nun das Faß so weit mit dem zu reinigenden Brandwein, daß nur ein paar Zoll Raum übrig bleiben, spunde das Faß fest zu, und rolle solches nun einigemal wohl um, damit sich das Kohlenpulver mit dem Brandwein in allen Punkten berühren kann; und man wiederhole nun das Herumrollen, während einem Zeitraum von 24 Stunden, zehn bis zwölfmal.

§. 264.

Oeffnet man jetzt das Faß, so ist aller Fuselgeruch verschwunden, und es ist nur noch nöthig, den Brandwein von seiner Vermengung mit dem Kohlenstaub zu trennen. Zu dem Behuf ziehet man ihn langsam vom Fasse ab; man filtrirt ihn durch einen Spitzbeutel von Filz oder doppelten Molton; und er besitzt nun alle Eigenschaften eines sehr reinen Brandweins, der in diesem Zustande zur Verstärkung des Lauers gebraucht werden kann, und dessen Uebergang in einen reinen und brauchbaren Essig zu befördern.

---

# Dritte Abtheilung.

## Fabrikation des Weinessigs aus frischgegohrnem Weinmost.

### §. 265.

Die Verfahrungsart, welche ich hier beschreiben will, um aus dem frischgegohrnen Most einen guten Essig zu verfertigen, wird in den französischen Weinessigfabriken mit einem glücklichen Erfolg ausgeübt. Herr Parmentier hat uns von jener Fabrikationsart ein sehr umständliches Verfahren mitgetheilt; ich habe dasselbe mehreremale hintereinander mit Quantitäten von 30 und 60 Quart Most versucht, und zwar mit einem glücklichen Erfolg. Ich darf daher hoffen, daß man mit größern Quantitäten eben so zuverlässig arbeiten wird. Hier ist die Verfahrungsart selbst.

### §. 266.

Bevor man die Weintrauben zum Zertreten in den Tretbottich bringt, pflückt man einen Theil derselben ab, und zwar nach Verhältniß der Quantität des Essigs, die man anstellen will, worauf die übrigen Trauben zertreten, und durchs Keltern der Saft ausgeschieden wird. Den Most läßt man für sich die Weingährung eingehen, welche sehr bald erfolgt, wobey derselbe in jungen Wein umgeändert wird.

§. 267.

Jene Weinkämme placirt man jetzt in einer hölzernen Wanne, worin sie sich erhitzen, und bald darauf eine saure Beschaffenheit annehmen. Man wendet solche von Zeit zu Zeit um, damit sie nicht verderben, und auf ihrer Oberfläche keiu Schimmel gebildet werden kann. Sind diese Weinkämme eine saure Gährung eingegangen, so werden sie mit den Trestern bedeckt, welche beym Auspressen des Mostes übrig geblieben sind, und nun gleichfalls eine weinige Fermentation überstanden haben.

§. 268.

Auf jene Masse von gesäuerten Weinkämmen und Weintrestern, wird jetzt so viel von dem gegohrnen Most gegossen, als man in Essig umändern will. Man mengt hierauf mittelst einer hölzernen Krücke alles recht wohl untereinander, und, nachdem der Bottich leicht mit einem Deckel bedeckt worden ist, läßt man das Ganze in der Säurungsstube bey einer Temperatur von 18 bis 20 Grad Reaumür ruhig stehen.

§. 269.

Die so vertheilten Weintrester nehmen die starke Säure der Kämme auf, und verbreiten solche in der ganzen Flüssigkeit. Die Essiggährung nimmt sehr bald ihren Anfang, und der sich bildende Essig wird um so stärker und vorzüglicher, je mehr die Trester und der Mostwein mit geistigen Theilen beladen waren, die sich bey ihrer weinigen Fermentation gebildet hatten; und jemehr die Masse der Trester, im Verhältniß zu der des Mostweins betrug, um so stärker fällt dann die Säure des gebildeten Essigs aus.

§. 270.

Sobald dieser Essig gebildet ist, muß solcher abgezogen und auf andre Fäßer gebracht werden, in welchen derselbe sich klären kann. Die rückständigen Trester und Kämme hingegen, welche nun einmal mit der stärksten Säure des Weinessigs durchdrungen sind, dienen nun wieder ohne weitere Vorbereitung als ein Essigferment, wenn sie aufs neue mit Mostwein übergossen, und damit in die saure Gährung gesetzt werden.

§. 271.

Sobald dieser Essig gebildet und auf die dazu bestimmten Klärfässer abgezogen worden ist, müssen solche wohl verspundet und in einem kühlen Keller aufbewahrt werden. Der Essig klärt sich darin, nach einem Zeitraum von vier Wochen, vollkommen auf, und nun muß derselbe zum zweytenmal behutsam abgezogen werden, damit er von den trüben Hefentheilen vollkommen befreyet wird, weil solche ihn sonst leicht zur Verderbniß disponiren können. Damit aber nichts verlohren gehe, kann der trübe Rückstand durch einen Filtrirbeutel von Filz oder Molton vollends filtrirt, und das Klare zum ersten Essig gegossen werden, welches nun zusammen genommen auf Magazinfässern aufbewahrt wird.

§. 272.

Diese Fabrikationsart des Weinessigs ist die allereinfachste; aber sie ist nur für solche Provinzen qualificirt, welche Weinbau treiben, um die gewonnenen Trauben gleich an Ort und Stelle auf Essig zu verarbeiten, weil weder die Kämme noch die Trester, oder der Most selbst, ohne eine Verderbniß zu erleiden, gut transportirt werden können.

---

# Vierte Abtheilung.

## Fabrikation des ächten Weinessigs im Kleinen, zum häuslichen Bedarf.

§. 273.

Meinem Plane getreu, füge ich nun noch eine Beschreibung derjenigen Verfahrungsart bey, welcher sich diejenigen bedienen können, die sich einen guten ächten Weinessig in kleinen Quantitäten fabriciren wollen, um solchen zum häuslichen Gebrauch in Anwendung zu setzen: Hier ist sie.

§. 274.

Man kaufe sich ein Fäßchen guten starken Weinessig, z. B. einen Anker oder 30 Quart. Man placire dasselbe an einen temperirten Ort, z. B. in der Nähe eines geheizten Stubenofens, oder einer geheizten Malzdarre, oder irgend einem andern schicklichen Orte, dessen Temperatur nicht viel unter 16 Grad Reaumür fällt, und nicht viel über 20 Grad steigt. Man ziehe zwölf Quart des darin befindlichen Essigs mittelst einem Heber daraus ab, und verwende diesen zum häuslichen Bedarf.

## §. 275.

So vorgerichtet fülle man nun zehn Quart guten klaren Landwein zu dem noch übrigen in dem Fäßchen befindlichen Essig, man verstopfe dessen Spundöffnung ganz locker mit Papier oder Leinwand, jedoch nicht luftdicht, und lasse nun alles einen vollen Monat lang ruhig liegen. Nach diesem Zeitraum wird das gesammte Fluidum in dem Fäßchen einen Weinessig darstellen, der dem erstern, welchen man kaufte, an Güte und Stärke vollkommen gleich ist.

## §. 276.

Man ziehe von jenem Essig jetzt abermals zehn Quart ab, die man nun zum häuslichen Bedarf in gut verschlossenen gläsernen Flaschen aufbewahren kann. Man ersetze dagegen das Abgezogene wieder durch zehn Quart Wein; und nach einem Zeitraum von vier Wochen wird nun abermals das ganze Fluidum in einen guten starken Essig umgeändert erscheinen.

## §. 277.

Beobachtet man bey jener Operation nun so viel wie möglich eine immer gleiche Temperatur, so können mit Ausgang eines jeden Monats wieder zehn Quart Essig abgezogen, und solche durch zehn Quart Wein ersetzt werden, so daß das Fäßchen beständig mit gährender Masse gefüllt bleibt, und eine immerwährende Mutter zur Essigerzeugung darbietet, ohne daß ein sehr merklicher Bodensatz in selbigem gebildet wird, wenn man nur einen klaren Wein zum Auffüllen anwendet.

§. 278.

§. 278.

Wenn alle vorher beschriebenen Regeln genau beobachtet werden, so kann ein solches Fäßchen mit Mutteressig zwölf bis funfzehn Jahre hintereinander, als eine immer schaffende Quelle des Essigs erhalten werden. Der Weinessig, den man auf diesem Wege gewinnt, ist von vorzüglicher Bonität; und die Verfahrungsart selbst ist so einfach; daß Landwirthe, so wie größere und kleinere Haushaltungen, die sich ihren Bedarf an Weinessig selbst fabriciren wollen, sich sehr gut dabey stehen werden.

---

# Fünfte Abtheilung.

## Fabrikation des Weinessigs aus trüben Wein.

§. 279.

Bevor ich die Abhandlung über die Fabrikation des Weinessigs beschließe, muß ich noch einer andern Methode dazu gedenken, die sehr alt und schon von Boerhave beschrieben worden ist. Man kann sich hiezu des trüben Weins oder der Weinhefe bedienen; und sie ist geeignet, einen brauchbaren Essig mit vieler Schnelligkeit zu produciren, der jedoch, in Hinsicht seiner übrigen Qualitäten, mit demjenigen nicht verglichen werden kann, den man nach der ersten, der dritten und der vierten Abtheilung gewinnt. Diese Fabrikationsart bestehet im Folgenden.

§. 280.

In einer Säurungsstube oder einem andern schicklichen Raume, dessen Temperatur zwischen 18 und 20

Grad abwechselt, placire man zwey Fässer auf einem Lager, und zwar so, daß sie aufrechts stehen, und der obere Boden ausgenommen ist. Einen Fuß hoch vom Boden eines jeden Fasses wird eine Horde von Weidenholz angebracht, auf welche man Schichtweise ein Lager von frischem Weinlaub, so wie von Weinzweigen und Weinkämmen trägt, so daß solches bis an die Oeffnungen der Fässer emporreicht.

§. 281.

Man menge hierauf den trüben Wein, welcher zum Uebergang in Essig bestimmt ist, mit seiner Hefe so wie mit dem daraus abgesetzten Weinstein wohl untereinander, und fülle nun dieses Gemenge so in die mit jenen Fermenten ausgelegte Fässer, daß das eine ganz, das andre aber nur halb damit erfüllet wird.

§. 282.

Während jene Vorbereitung in der beschriebenen Art gemacht ist, bemerkt man nach einem Zeitraum von zwey bis drey Tagen, daß in den halbvoll gefüllten Fasse die Fermentation ihren Anfang nimmt. Man läßt nun alles 24 Stunden lang ruhig fortgähren, worauf dieses Faß aus dem vollen angefüllet wird.

§. 283.

Bald hierauf fängt nun auch die nun verminderte Masse im zweyten Faß an zu fermentiren. Man läßt die Gährung gleichfalls 24 Stunden fortgehen; worauf alsdann dieses Faß wieder aus dem vollen angefüllet wird, um die Fermentation der Masse zu moderiren.

§. 284.

So wird nun das wechselseitige Uebertragen der gährenden Masse aus einem Fasse in das andre von 24 Stunden zu 24 Stunden wiederholt, bis die Essiggährung der ganzen Masse vollendet ist. Diese Beendigung erkennet man daran, daß die Bewegung der gährenden Flüssigkeit in dem halbvollen Fasse nachläßt, weil dieses letztere fast insbesondre die Vereinigung derjenigen Materien veranlasset, welche den Essig erzeugen.

§. 285.

Ist die saure Gährung beendigt, so wird nun der gebildete Essig von den in den Fässern befindlichen Fermenten ab, und in andre Fässer übergezogen, damit derselbe sich klären kann: worauf solcher aus den Klärfässern in die Magazinfässer geleitet wird, die man nun in einem kühlen Keller auf dem Lager aufbewahrt; und nun ist der Essig Kaufmannsgut.

§. 286.

Um dasjenige aus einem richtigen Gesichtspunkte zu beurtheilen, was bey dieser Art der Essigbereitung vorgehet, dürfen wir nur diejenige Erklärung dabey zum Grunde legen, welche Herr G u y t o n M o r v e a u darüber aufgestellt hat, da solche so gründlich ist, daß ihr nichts Besseres beygefügt werden kann.

§. 287.

Nach dem Urtheil jenes Gelehrten, erfolgt der Uebergang des Weins in Essig um so schneller, je kleiner die Masse des erstern ist, je regelmäßiger die Temperatur ist, bey welcher die gährende Flüssigkeit operirt, und jemehr der Zutritt von atmosphärischer Luft dabey begünstigt wird.

§. 288.

Die Zweige, so wie die Blätter und Kämme des Weins, mit welchen die Fässer ausgesetzt sind, vermehren die Oberfläche der Flüssigkeit. Die Fermente werden von der flüssigen Masse durchdrungen, die daran tretende Wärme theilt sich der innern Masse mit, begünstigt die saure Fermentation, und unterhält dieselbe; und während die saure Gährung ein gewisses Maximum erreicht hat, ist nun der Zeitpunkt vorhanden, in welchem das nur halbgefüllete Faß aus dem zweyten vollgefüllet werden muß.

§. 289.

Man kann indessen nicht leugnen, daß, wenn gleich jene Operation einerseits den Vortheil gewähret, daß der Wein dadurch sehr schnell in Essig umgeändert wird; so kann doch andrerseits nicht verhütet werden, daß nicht einige Theile des Alkohols aus dem Weine entweichen sollten; indem das dabey statt findende Aufschwellen der gährenden Masse, ihr Aufwallen und die dadurch veranlassete erschütternde Bewegung, die Temperatur derselben sehr vermehrt, und die im öffnen Fasse gährende Masse mit einer größern Luftsäule in Berührung stehet: alles Umstände, durch welche das Entweichen des Alkohols begünstigt und beschleunigt werden muß.

§. 290.

Es ist ein in der Wahrheit so wie in der Natur des Gegenstandes gegründete Satz, daß, je langsamer die

Essiggährung fortschreitet, um so mehr der dadurch producirte Essig, in Hinsicht seiner Stärke, so wie der Annehmlichkeit seines Geruchs und Geschmacks, gewinnt.

## §. 291.

Der zureichende Grund hievon ist auch leicht einzusehen: denn je langsamer die Fermentation vor sich gehet, je weniger können Theile des Alkohols unbenutzt entweichen; und je weniger dieses möglich ist, um so mehr findet der Alkohol Gelegenheit, sich mit der schon gebildeten Essigsäure zu mischen und eine Art Essigäther zu erzeugen, der nun dem Essig denjenigen angenehmen balsamischen Geruch und Geschmack ertheilt, wodurch die feinen französischen Essige sich so sehr zu ihrem Vortheil auszeichnen; eine Eigenschaft, die im Essig um so mehr zunimmt, je länger derselbe auf gut verschlossenen Fässern conservirt wird.

## §. 292.

Hier haben wir fünf verschiedene Verfahrungsarten, um ächten Weinessig zu fabriciren. Eine jede einzelne ist von der Art, daß sich mit einem sichern Erfolg in Anwendung gesetzt werden kann, wenn nur die bey jeder angegebnen Regeln und Modalitäten genau beobachtet werden: denn das, was oftmals eine unbedeutende Kleinigkeit zu seyn scheinet, kann nicht selten der Keim zu einem nachtheiligen Erfolg werden, der nicht wieder zurückgeführt werden kann.

# Sechster Abschnitt.

## Von der Fabrikation des Cider- oder Obstessigs, und den verschiedenen Arten desselben.

### Allgemeine Bemerkung.

§. 293.

Wenn man die süßen Obstarten oder Kernfrüchte, die Aepfel und Birnen, mittelst hölzernen Stampfen, besser aber mittelst einer steinernen sich um ihre Achse bewegenden Walze, zerquetscht, den Saft auspreßt, und solchen dann in dazu bestimmte Fässern die Weingährung überstehen läßt, so gewinnt man daraus ein weinartiges Fluidum, welches unter dem allgemeinen Namen Cider- oder Obstwein bekannt ist, und dessen Bonität, nemlich dessen Reichhaltigkeit an Alkohol und Zuckerstoff, mit der mehr oder weniger vollkommnen Reife, so wie der besonders guten Qualität, und der davon abhängenden Süßigkeit des Obstes im Verhältniß stehet, welches zu seiner Zubereitung angewendet worden ist.

§. 294.

Die Fabrikation des Ciders oder Obstweins ist so einfach, daß sie von Jedermann leicht veranstaltet werden kann. Man sucht sich das dazu erforderliche Obst in hinreichend großer Quantität zu verschaffen. Man zermalmt dasselbe nach der vorher beschriebnen Art; man keltert oder presset das Mark mittelst einer gewöhnlichen Weinpresse aus, indem man solches in leinene oder härne Säcke füllet. Man bringt den gewonnenen Most auf große Gährungsfässer, die auf einem Lager placirt sind, und die damit vollkommen gefüllet seyn müssen. Man läßt die Spundöffnung unverschlossen, stellt hölzerne Molden oder Wannen unter die Fässer, damit die während der Fermentation aus dem Spundloche heraustretende Hefe in dieselben abfließen kann; und man wartet nun den ohne weitern Zusatz von selbst eintretenden Anfang und Fortgang der Weingährung im Safte ruhig ab.

## §. 295.

Wenn die Temperatur der Atmosphäre des Raumes, in welchem man die mit Obstmost gefüllten Fässer gelagert hat, nicht unter 16 bis 18 Grad Reaumür beträgt, so nimmt die Weingährung desselben schon nach einem Zeitraum von 24 Stunden ihren Anfang. Sie entdeckt sich durch ein zischendes Geräusch in dem Safte, so wie die Erhebung einer schaumigen Hefe aus dem Spundloche der Fäßer, und endlich durch die schnell erfolgende Entwickelung von kohlenstoffsaurem Gas, welches, wenn man Mund und Nase über die Spundöffnung des Gährungsfasses hält, leicht eine Betäubung veranlasset.

## §. 296.

Je nachdem die fermentirende Masse größer oder geringer ist, dauert die Gährung 5, 10 bis 14 Tage anhaltend fort. Die gährende Bewegung vermindert sich indessen immer mehr, bis endlich das Ausstoßen der Hefe nachläßt, der Schaum sich setzt, und ein über die Spundöffnung des Fasses gehaltener brennender Wachsstock nicht mehr erlöscht.

§. 297.

In diesem Zustande ist die Fermentation beendigt, das Fluidum hat die Weingährung überstanden, sein voriger süßer zuckerartiger Geschmack ist größtentheils verschwunden, und ein angenehmer weinartiger Geruch und Geschmack ist an die Stelle des Erstern getreten.

§. 298.

Man füllet jetzt die Fässer mit einem andern Theil derselben gegohrnen Flüssigkeit vollkommen auf, verschließt sie luftdicht, und läßt alles wenigstens vier Wochen lang ruhig liegen; woráuf das weingahre Fluidum, am besten mittelst einem Heber, auf andre Fässer klar abgezogen wird, und nun abermals wohlgefüllet und verspundet an einem kühlen Orte ruhig liegen bleibt: da solches dann den verlangten Cider- oder Obstwein darstellt.

§. 299.

In diesem Zustande enthält der Cider- oder Obstwein immer noch eine gute Portion kohlenstoffsaures Gas gebunden, das ihm, wenn er ausgegossen wird, die Eigenschaft zu moussiren ertheilt. Wird solcher in diesem Zustande klar abgezogen, und in wohlverstopften und verpichten Bouteillen aufbewahrt, so zeigt derselbe im Geschmack, Geruch und andern Eigenschaften eine große Aehnlichkeit mit dem moussirenden Champagnerwein, und kann als ein mittelmäßiger Wein solcher Art recht gut getrunken werden.

§. 300.

Läßt man hingegen jenen klaren abgezognen Wein an einem kühlen Orte zwey bis drey Jahre lang in wohl verspundeten Fässern liegen, und trägt man dabey Sorge, daß selbiger wenigstens alle drey Wochen einmal aufgefüllet wird: so verliert solcher nach und nach die moussirende Eigenschaft, er wird geistreicher, klärt sich vollkommen auf, und stellt nun einen sehr angenehmen trinkbaren Wein dar, der, wenn das dazu verwendete Obst vollkommen reif und zuckerreich war, außer vielem Feuer, sich auch durch den eigenthümlichen balsamischen Geruch und Geschmack auszeichnet, welcher das Obst besaß.

§. 301.

So gewinnt man einen angenehmen Cider- oder Obstwein, der als trinkbarer Wein gebraucht werden kann; und dessen Fabrikation vorzüglich in denjenigen Gegenden allgemeiner eingeführt zu werden verdient, wo der Weinbau weniger als der Obstbau betrieben wird: so wie man, da das Obst immer sicherer und früher zur Reife kommt als der Wein, in unsern Gegenden, dem süßen Obst zur Fabrikation des Weins, fast immer den Vorzug beylegen möchte.

§. 302.

Wenn indessen der Cider- oder Obstwein nicht als trinkbarer Wein verbraucht werden soll, wenn man vielmehr die Absicht hat, solchen auf Essig zu verarbeiten, so ist es nicht nothwendig, sehr feine, vollkommen reife und zuckerreiche Obstarten dazu anzuwenden; in diesem Fall kann vielmehr jede Art Aepfel oder Birnen dazu dienen, die vor dem Reifwerden abfallen.

## §. 303.

So sahe ich bereits im Jahr 1776 durch den berühmten verstorbnen Chemiker Wiegleb in Langensalza, selbst aus wilden Obstarten, sogenannten Holzäpfeln und Holzbirnen, mehr als 50 Oxhoft Essig anfertigen, der dem besten Weinessig an innerer Güte nichts nachgab, und man behandelte diese Früchte ganz nach derselben Art, wie ich weiterhin beschreiben werde.

## §. 304.

Die Trebern oder das Mark, welche nach dem Auspressen des zermalmten Obstes übrig bleiben, enthalten immer noch eine bedeutende Portion saftige Theile eingeschlossen. Man kann selbige daher nochmals mit dem vierten Theil ihres Umfangs von reinem Wasser ankneten, und den Brey zum zweytenmal auspressen, wobey man aber, so wie aus den Weintrebern, einen schwächern Most gewinnt; welcher dann durch die Weingährung auch einen schwächern Wein oder Lauer darstellt, der zu einem zwar schwächern, aber immer noch brauchbaren Essig verarbeitet werden kann.

## §. 305.

Wenn gleich mit dem Namen Cider, in der allgemeinern Bedeutung, jede Art des Obstweins bezeichnet zu werden pflegt, so pflegt man doch auch jede Art solcher Weine wieder nach ihrer individuellen Abstammung in Apfelwein und in Birnwein zu unterscheiden: daher denn auch die aus solchen Obstweinen bereiteten Essige, wieder in Apfelessig und in Birnessig unterschieden werden müssen. Ich werde hier die Zubereitung eines jeden dieser Essige einzeln vortragen, und die verschiedenen

Manipulationen aus einander setzen, die dabey beobachtet werden müssen, wenn die Arbeit mit einem glücklichen Erfolg gekrönet werden soll.

# Erste Abtheilung.

## Fabrikation des Apfelessigs.

### Erste Verfahrungsart.

### Mit Anwendung von fertigem Essig, als saures Ferment.

§. 306.

Wenn der Apfelwein in Apfelessig umgeändert werden soll, so kann man sich ganz derselben Operationsart dazu bedienen, welche bey der Umändrung des Traubenweins in ächten Weinessig beschrieben worden ist. Ich könnte mich daher bloß auf jene Operationsart hier berufen; ich werde aber lieber die Kürze der Genauigkeit aufopfern, weil ich glauben muß, daß meine Leser dabey gewinnen, und dem gemäß hier eine umständliche Beschreibung derjenigen Cautelen und Manipulationen mittheilen, welche angewendet werden müssen, wenn die Fabrikation des Apfelessigs mit einem günstigen Erfolg betrieben werden soll.

§. 307.

Nachdem die Mutterfässer auf ihrem Lager gehörig placirt sind, fülle man in ein jedes derselben 40 bis 50 Quart schon fertigen Obstessig, oder an dessen Stelle Weinessig, der vorher in einem zinnern Kessel bis auf eine Temperatur von 60 Grad Reaumür erwärmt worden ist, man verschließe die Oeffnungen der Mutterfäßer, und lasse solche eine Stunde lang ruhig liegen.

§. 308.

Man öffne solche hierauf und fülle mittelst der gekrümmten Dillenwanne in jedes dieser Fässer 15 Quart fertigen Apfelwein zu dem warmen Essig, man rühre alles wohl unter einander, und nachdem die Temperatur der Gährungsstube auf 18 bis 20 Grad erhoben worden ist, lasse man bey gleichförmiger Unterhaltung dieser Temperatur und ohne die Fässer zu verschließen, alles acht Tage lang ruhig liegen.

§. 309.

Man fülle jetzt wieder zehn Quart Apfelwein zu der fermentirenden Flüssigkeit, ohne die Masse umzurühren, und lasse das Gemenge abermals acht Tage lang ruhig liegen, ohne daß die erforderliche Temperatur jemals unterbrochen wird. So fahre man von acht Tagen zu acht Tagen fort, in jedes Faß zehn Quart frischen Apfelwein nachzufüllen, bis die gährende Flüssigkeit an die Seitenöffnung des Mutterfasses heranreicht. Man unterhalte von nun an die fermentirenden Massen noch 14 bis 16 Tage in der erforderlichen Temperatur von 18 bis 20 Grad Reaumür, worauf man die Säuerungsstube erkalten läßt.

§. 310.

Man findet jetzt den Apfelwein in Apfelessig umgeändert. Man ziehet diesen nun mittelst Hebern auf andre

Fässer so klar wie möglich ab, und verwahrt ihn nun, indem diese Fässer luftdicht verspundet werden, in einem trocknen kühlen Keller als Kaufmannsgut.

§. 311.

Den Essig, welchen man nach dieser Verfahrungsart gewinnt, ist von ganz vorzüglicher Güte, und übertrifft den ächten Weinessig selbst in Hinsicht der Annehmlichkeit im Geschmack und Geruch. Auch ist die Verfahrungsart selbst sehr einfach, aber sie setzt das Daseyn eines schon fertigen Essigs voraus, der als Ferment benutzt werden kann.

§. 312.

Wer daher eine Apfelessigfabrike auf diese Fabrikationsart gründen will, muß entweder den ersten Bedarf an Essig ankaufen, um denselben als Ferment zu benutzen, oder er muß mit der Fabrikation im kleinen anfangen, um so viel Essig nach und nach zu produciren, als zur Anstellung von einer gehörigen Anzahl großer Mutterfässer erfordert wird; und hiezu empfehle ich diejenige Verfahrungsart vorzüglich, welche im fünften Abschnitt vierte Abtheilung (§. 274 bis 277.) beschrieben worden ist: welchen sich auch diejenigen mit glücklichem Erfolg bedienen können, die sich ihren Apfelessig im kleinen zum häuslichen Bedarf fabriciren wollen.

## Zweyte Verfahrungsart.

### Mit Anwendung von Sauerteig als saures Ferment.

§. 313.

Wer indessen nicht im Besitz eines schon fertigen Essigs ist und die Kosten scheuet, solchen zur ersten Anlage einer

Apfelessigfabrik anzukaufen, um solchen als saures Ferment zu adhibiren, der kann, freylich auf Kosten der Bonität und Annehmlichkeit des producirten Essigs, sich folgender Verfahrungsart bedienen, um den Apfelwein in Essig überzuführen.

§. 314.

Man bereitet sich einen guten Sauerteig, indem man acht Pfund Gerstenmehl mit vier Pfund gutem Weinessig und acht Loth gepulverten Weinstein kalt anknetet, der Masse zwey Pfund Brandwein zusetzt, alles wohl unter einander mengt, und nun die schlammige Brühe, in einem hölzernen Fasse, in der Nähe eines geheitzten Stubenofens oder auf demselben so lange stehen läßt, bis das Gemenge einen scharfsauren Geschmack, so wie einen durchdringenden sauren Geruch angenommen hat.

§. 315.

Der so gebildete Sauerteig, welcher eigentlich in Form einer sauren Hefe erscheint, erreicht seine vollendete Bildung schon während einem Zeitraum von 5 bis 6 Tagen, wenn man nur dahin trachtet, die sich säuernde Masse einer Temperatur auszusetzen, die nicht unter 18 und nicht über 20 Grad Reaumür beträgt. Er dienet nun als saures Ferment, um in Ermangelung eines fertigen vorräthigen Essigs, den Apfelwein in die erforderliche saure Fermentation überzuführen.

§. 316.

Um jenes zu veranstalten, wird nun folgendermaßen operirt. Sind die Mutterfässer wohl vorbereitet, und sind sie von der Größe, daß jedes derselben bis an die Seitenöffnung 180 Quart Flüssigkeit fassen kann: so bringt man in jedes solches Faß erst 20 Quart Apfelwein. Nun erwärmt man zehn Quart Apfelwein in einem zinnern Kessel bis auf 50 oder 60 Grad Temperatur, man rührt 12 Pfund der vorher (§. 314.) beschriebnen Säurungshefe darunter, gießt das Gemenge in das Mutterfaß zu dem Wein, mengt alles wohl unter einander, und läßt nun die Flüssigkeit, nachdem die Säurungsstube vorher auf 18 bis 20 Grad erwärmt worden ist, ruhig liegen.

§. 317.

So wird nun jedes einzelne Faß beschickt, bis alle nach einander in den Stand gesetzt worden sind, daß die saure Gährung darin anfangen und fortwalten kann. Man läßt nun alles 14 Tage lang ruhig liegen, und man findet alsdann in jedem einzelnen Fasse den Wein in einen ziemlich starken Essig umgeändert, der jetzt das saure Ferment für den übrigen Wein darbietet.

§. 318.

Nach Beendigung der ersten 14 Tage, füllet man in jedes Faß 10 Quart Apfelwein nach. Man läßt alles 8 Tage lang ruhig fermentiren, worauf abermals 10 Quart Wein nachgefüllt werden; und so fährt man von acht Tagen zu acht Tagen mit dem Nachfüllen fort, bis die Fässer sämmtlich so voll sind, daß der Schaum der fermentirenden Masse die Seitenöffnungen derselben erreicht hat. Man läßt von nun an alles noch 14 Tage bis 3 Wochen ruhig fortgähren, indem man Tag und Nacht die zur sauern Fermentation erforderliche Temperatur ununterbrochen erhält, und man findet jetzt alle Fässer mit einem guten Apfelessig gefüllet.

§. 319.

Nun wird der fertige Essig, der ziemlich trübe ist, mittelst Hebern auf Klärfässer abgezogen, doch so, daß die trübere Hefe auf den Säurungsfässern zurück bleibt. Hat sich der Essig auf den Klärungsfässern vollkommen aufgehellet, so wird derselbe auf die Magazinfässer abgezogen, und solche wohlverspundet, in einem trocknen Keller aufbewahrt, da der Essig denn Kaufmannsgut ausmacht.

§. 320.

Was hiebey auf den Klärfässern zurückbleibt, wird auf die Mutter- oder Säurungsfässer zurückgegossen, und dienet nun, nebst der noch darin befindlichen Essighefe wieder als saures Ferment: denn man darf jetzt nur unter den vorher beschriebnen Modalitäten, von acht Tagen zu acht Tagen in jedes Faß jedesmal 10 Quart frischen Apfelwein nachfüllen, und die erforderliche Temperatur der Gährungsstube unterhalten, um die Umänderung des Weins in Essig, ununterbrochen fortsetzen zu können.

§. 321.

Eine Hauptregel, die nicht aus der Acht gelassen werden darf, bestehet darin: daß man die Fässer mit demjenigen Apfelwein, welcher nach und nach in die Mutterfässer nachgefüllt werden soll, selbst in der Gährungsstube aufbewahrt, damit der darin befindliche Wein allmählig die Temperatur der gährenden Massen annehmen kann. Im gegenseitigen Fall, wenn der Wein zu kalt in die fermentirende

tirende Masse gebracht würde, könnte diese leicht zu sehr abgeschreckt werden: dadurch würde die saure Gährung unterbrochen werden, und man würde, wo nicht ein gänzliches Umschlagen, doch einen sehr ungünstigen Erfolg der Operation zu erwarten haben.

## Dritte Verfahrungsart.

### Bereitung des Apfelessigs aus Apfellauer.

§. 322.

Wenn der Lauer oder Halb-Cider, welchen man aus den Trebern der ausgepreßten Aepfel durchs Vermengen derselben mit wenigem Wasser, und nochmaligem Auspressen des Breyes gewinnt, auf eine gleiche Art wie beym Apfelwein angegeben worden, mit einem oder dem andern der schon beschriebnen Essigfermente gemengt, der Essiggährung unterworfen wird, so liefert auch dieser Lauer eine Art Apfelessig.

§. 323.

Jener aus dem Apfellauer gewonnene Essig ist zwar weniger reichhaltig an Säure, als der aus dem Apfelwein gewonnene, aber zum häuslichen Gebrauch, so wie für einige den Essig bedürfende Fabriken und Manufakturen, bey welchen es nicht auf die Stärke des Essigs ankommt, sehr brauchbar. Da die Verfahrungsart diesen Essig aus dem Apfellauer oder Halb-Cider zu verfertigen, der beym Essig aus Apfelwein angegebnen völlig gleich ist, so bedarf solche hier keiner besondern Beschreibung, sondern ich verweise auf dasjenige, was ich dort angegeben habe; will aber hiebey bemerken, daß zu dem sauren Ferment, statt des fertigen Essigs, die (§. 314.) beschriebne saure Hefe dabey mit Nutzen angewendet werden kann.

§. 324.

Man kann indessen den Lauer oder Halb = Cider dahin disponiren, einen stärkern und säurereichern Essig zu fourniren, wenn man demselben vor der sauern Fermentation den zehnten oder zwölften Theil guten Getraidebrandwein beymengt, der wenigstens 25 bis 30 Procent Alkohol enthält, welches mittelst dem Alkoholometer erforscht werden kann; und man gewinnt alsdann einen Essig, der dem stärksten Weinessig am Gehalt der Säure nichts nachgiebt.

---

# Zweyte Abtheilung.

## Fabrikation des Birnessigs.

§. 325.

Wenn man vollkommen reife, süße Birnen, vorzüglich die Bergamottbirnen, einer vollkommen gleichen Behandlung unterwirft, wie solches (§. 294 bis 300) angegeben worden ist, so gewinnt man aus ihrem Safte einen Birnwein, der dann, wenn feine Obstarten dazu verwendet worden sind, sich durch einen vorzüglich angenehmen Geschmack, so wie durch viel Feuer auszeichnet, nachdem derselbe drey bis vier Jahre lang auf gut verspundeten Fässern aufbewahrt worden ist. Dies darf uns auch um so weniger wundern, da die Birnen in der Regel viel zuckerreicher als die Aepfel sind, und die Güte des Weins mit der Quantität des Zuckerstoffs im Verhältniß stehet. Soll indessen kein Birnwein, sondern geradezu Birnessig fabricirt werden, dann können mehrere Verfahrungsarten dazu angewendet werden.

## Erste Verfahrungsart.

### Birnessig mit Anwendung des fertigen Essigs als saures Ferment.

§. 326.

Wenn man den Birnwein zur Fabrikation des Essigs anwenden will, so ist es nicht nothwendig, feine Obstarten zu jenem Wein anzuwenden, sondern es ist hinreichend, wenn man sich der unreifen Birnen, oder auch der Wilden sogenannten Holzbirnen dazu bedienet: ihr Saft ist hinreichend gut, um einen brauchbaren Essig zu produciren.

§. 327.

Soll der Birnessig aus dem Birnwein mit Anwendung des schon fertigen Essigs als saures Ferment fabricirt werden, so bedient man sich hiebey ganz derselben Verfahrungsart, welche (§. 306 bis 310) zur Umänderung des Apfelweins in Apfelessig beschrieben worden ist. Da hiebey alle dort beschriebne Regeln und Cautelen ganz in derselben Art beobachtet werden müssen, welche dort bereits angegeben worden sind, so würde es Raum verschwendend seyn, wenn ich die ausführliche Beschreibung hier nochmals wiederholen wollte.

## Zweyte Verfahrungsart.

### Birnessig mit Anwendung des Sauerteigs als saures Ferment.

§. 328.

Eben so kann auch ganz nach derselben Verfahrungsart operirt werden, welche (§. 313 bis 320) beym Apfelessig angegeben worden ist, wenn in Ermanglung eines vorräthigen schon fertigen Essigs, die saure Gährung des Birnweins, um ihn in Essig zu verwandeln, mit Sauerteig oder saure Hefe veranstaltet werden soll, daher auch diese Operation hier keiner Wiederholung bedarf.

## Dritte Verfahrungsart.

### Birnessig ohne Anwendung eines besondern sauren Ferments.

§. 329.

Es giebt noch eine andre Verfahrungsart den Birnessig zu fabriciren, deren man sich vorzüglich in Holland zu bedienen pflegt. Sie ist einfacher und weniger kostspielig als die bisher beschriebnen Methoden; aber das dadurch gewonnene Produkt ist auch weniger schön als dasjenige, welches man nach der ersten Operationsart gewinnt: hier ist sie.

§. 330.

Man sammlet die reifen und unreifen Birnen, welche von selbst abfallen, selbst dann, wenn solche schon einen Anfang der Verderbniß erlitten haben sollten. Man zer=

schneidet selbige in dünne Stücke, füllet diese in aufrechts gestellte, gut gesäuerte Mutterfässer, gießt so viel Wasser darauf, daß die Birnschnitte damit bedeckt sind, und setzt die Fässer, leicht bedeckt, wenn es die Umstände gestatten, der Sonnenwärme, außerdem aber in einer Säurungsstube, einer Temperatur von 18 bis 20 Grad Reaumür aus.

§. 331.

Nach dem Zeitraum von 24 Stunden, nimmt in der Masse eine Weingährung ihren Anfang, die aber sehr bald einen Karakter der sauren Gährung erkennen läßt. Man unterhält nun diese Fermentation bey der erforderlichen Temperatur fortwährend so lange, bis das sanfte Schäumen der Masse, mit welchem solche begleitet wird, nachläßt, und das Ganze in einen vollkommnen Zustand des Essigs übergegangen ist.

§. 332.

Ist dieser Zeitpunkt erreicht, so gießt man den gebildeten Essig durch Leinwand, und presset den Rückstand mittelst einer hölzernen Presse recht gut aus. Man füllet hierauf das ausgepreßte saure Fluidum auf Klärfässer, verspundet selbige so vollkommen wie möglich, und läßt sie so lange an einem kühlen Orte ruhig liegen, bis der Essig sich vollends abgeklärt hat. Ist auch dieses erreicht, so wird der klare Essig mittelst Hebern auf die dazu bestimmten Magazinfässer abgezogen, und er ist nun Kaufmannsgut.

§. 333.

Der auf diesem Wege gewonnene Birnessig, ist von einer verschiedenen Güte, je nachdem das dazu verwendete

Obst mehr oder weniger gut, nemlich mehr oder weniger frisch oder verdorben war. Daß man auf eine ähnliche Art auch einen Apfelessig darstellen kann, ist einleuchtend, und bedarf keines weitern Beweises. Was indessen die Rückstände betrifft, welche nach dem Auspressen des fertigen Essigs übrig bleiben, so dienen selbige noch als Futter für die Schweine, welche solche sehr gern genießen, wenn sie vorher mit warmen Wasser angebrühet werden, um die Säure derselben dadurch zu mildern.

# Siebenter Abschnitt.

## Von der Fabrikation des Essigs aus verschiedenen andern Obst- und Beerenfrüchten.

### Allgemeine Bemerkung.

§. 334.

Wenn wir auf die Grundmischung der übrigen Obst- und Beerenfrüchte, außer den Aepfeln und den Birnen, einen Blick werfen, und wenn wir dasjenige dabey berücksichtigen, was durch die chemische Zergliederung derselben als Thatsache ausgemittelt worden ist, so wird es leicht einzusehen, daß solche, in Hinsicht ihrer Gemengtheile, sowohl unter sich, als auch mit den Aepfeln und Birnen, eine ziemliche Analogie behaupten: obgleich wir auch bemerken, daß einerseits nicht in allen jenen Substanzen immer dieselben Bestandtheile vorhanden liegen, und andrerseits auch das quantitative Verhältniß derselben in ihnen, sehr von einander abweicht.

§. 335.

Um diejenigen, welche mit der Grundmischung jener Erzeugnisse nicht hinreichend bekannt sind, einigermaßen damit vertraut zu machen, will ich hier bloß die Resultate derjenigen Untersuchungen darstellen, welche durch meine eigenen und andrer Chemiker Untersuchungen darüber bekannt geworden sind: sie werden hinreichend seyn zu beweisen, daß jene Obst- und Beerenfrüchte, außer mehr oder weniger Zuckerstoff und Schleimtheilen, sehr verschieden geartete Säuren enthalten, die sämmtlich sowohl unter sich, als von der wahren Essigsäure, nur durch ein verschiedenes Verhältniß vom Sauerstoff verschieden sind; daß hingegen durch eine vollkommne Sättigung derselben mit dem Sauerstoff, alle in den Zustand der Essigsäure übergeführt werden können.

## §. 336.

Jene Gewächssäuern, welche sich uns als bildende Gemengtheile in den Säften der verschiedenen Obst- und Beerenfrüchte darbieten, werden in der chemischen Nomenclatur durch folgende Benennungen ausgezeichnet: nemlich 1) Weinsteinsäure; 2) Citronensäure; 3) Kleesäure; 4) Aepfelsäure. Einige dieser Säuren finden sich in einigen jener Säfte zum Theil an Kali gebunden: wie z. B. die Weinsteinsäure als Weinstein, und die Kleesäure als Kleesalz oder Sauerkleesalz in manchem solcher Säfte gegenwärtig gefunden wird.

## §. 337.

So enthalten die unreifen Weinbeeren, außer ihren Schleimtheilen, Weinsteinsäure und Aepfelsäure, nebst etwas Weinstein mit einander gemengt; in der reifen hingegen ist die Aepfelsäure gegen die Weinsteinsäure vorwaltend, und sie ist darin noch mit vielem Zuckerstoff verbunden.

## §. 338.

Im frisch gepreßten Safte der Citronen finden wir die eigenthümliche Citronensäure mit sehr weniger Aepfelsäure nebst Schleimtheilen gemengt; und der ganze Citronensaft darf daher mit seiner eigenthümlichen kristallisirbaren Citronensäure, welche durch die Kunst daraus abgeschieden werden kann, nicht verwechselt werden.

## §. 339.

In den frisch gepreßten Säften der Aepfel und Birnen finden wir die eigenthümliche Aepfelsäure mit Zucker- und Schleimtheilen gemengt, ohne Einmengung einer andern Pflanzsäure, vorhanden, sie mögen sauer oder süß, reif oder unreif seyn, und jene Säure ist aus eben dem Grunde Aepfelsäure genannt worden.

## §. 340.

Die Säfte der Kirschen, Johannisbeeren, Stachelbeeren, Himbeeren, Berberitzenbeeren, Brombeeren, Erdbeeren, Heidelbeeren, Moosbeeren, Eberesschenbeeren, Preußelbeeren und der Traubenkirschen, haben einen mehr gemengten Zustand, sie enthalten außer Zucker- und Schleimtheilen gemeiniglich Weinsteinsäure, Citronensäure, Aepfelsäure und Kleesäure mit einander gemengt, welche Säuren jedoch nicht in allen gegenwärtig gefunden werden, so wie nach der Individualität jener Substanzen und ihrem mehr oder weniger reifen Zustande, die darin enthaltenen Säuern auch in Hinsicht der quantitativen Verhältnisse, oft bedeutend von einander abweichen.

§. 341.

Die verschieden Arten der Pflaumen, so wie die Aprikosen, Pfirsichen und Hanebutten, welche sich durch einen mehr markartigen Zustand auszeichnen, enthalten mehr Schleim- und Zuckertheile als die Beerenfrüchte, und dagegen weniger Säure, welche allemal bloß von der Natur der Aepfelsäure ist: daher jene Früchte, so wie die daraus gepreßten Säfte, sich auch durch einen größern Grad von Festigkeit auszeichnen.

§. 342.

Aber alle jene Erzeugnisse, oder vielmehr die mit oder ohne einen Zusatz von Wasser daraus gezognen Säfte, besitzen die Eigenschaft eine Weingährung einzugehen, und eigenthümliche weinartige Getränke darzubieten, die beym erforderlichen Grade der Temperatur, so wie beym hinreichenden Zutritt der Luft in die Essiggährung übergehen, und sehr gute brauchbare Essige darstellen, die, wenn industriöse Fabrikanten sich ihrer besondern Zubereitung unterziehen wollen, wenn solche unter den ihnen ihrer Abstammung nach zukommenden Namen in den Handel gebracht würden, als Gegenstände des Luxus für auserlesene Tafeln der Reichen, neue sehr lucrative Erwerbszweige eröffnen würden.

§. 343.

Um daher diejenigen, welche sich mit der Fabrikation solcher Essige beschäftigen wollen, mit der Methode bekannt zu machen, welche sie dabey befolgen müssen, bemerke ich, daß es nur eine einzige allgemeine Verfahrungsart ist, welche man dabey zu beobachten hat, die, einige kleine Modalitäten abgerechnet, immer dieselbe bleibt. Sie besteht im Folgenden.

§. 344.

Kirschen, Johannisbeeren, Himbeeren, Stachelbeeren, Erdbeeren, Berberitzenbeeren, so wie alle übrige der vorher genannten Beerenfrüchte, welche einen sehr saftreichen Zustand besitzen, werden in hölzernen oder steinern Mörsern, mit hölzernen Stampfen zerquetscht, und dann der daraus gebildete saftreiche Brey, mittelst leinenen oder haarnen Tüchern, in hölzernen Pressen wohl ausgepresset.

§. 345.

Diejenigen Früchte hingegen, welche nicht sehr saftreich sind, wie die Pflaumen, die Aprikosen, Pfirsichen und Hanebutten, werden mit einen Zusatz von zehn Procent reinem Regenwasser zerquetscht, um ihre markigen Theile mit dem Wasser zu mengen, und deren Abscheidung in Form des Saftes dadurch zu befördern.

§. 346.

Um nun den Saft aus der einen oder der andren jener Früchte in den Zustand der Weingährung überzuführen, füllet man denselben auf Fässer von Eichenholz, am besten solche, worauf Wein gelegen hat, so daß selbige völlig damit gefüllet werden. Man placirt diese Fässer hierauf in einer Gährungsstube, deren Temperatur nicht unter 15 bis 16 Grad Reaumür ist, und man siehet schon nach einem Zeitraume von zehn bis zwölf Stunden die Weingährnng ihren Anfang nehmen. Ist sie erfolgt, so läßt man sie ruhig fortgehen und beendigen, welche Beendigung gemeiniglich in dem Zeitraum von 6 bis 8 Tagen statt findet.

## §. 347.

Sollte die Weingährung jener Säfte schwer eintreten, so kann das Herankommen derselben durch schickliche Zusätze befördert werden. Nichts qualificirt sich denn besser zu einem solchen Ferment, als Wein- oder Birnmost, den man ohne weitern Zusatz so lange an einem mäßig warmen Orte, allenfalls in einer gläsernen locker verstopften Flasche, aufbewahrt hat, bis solcher in eine vollkommne Weingährung gerathen ist, in welche derselbe gewöhnlich schon nach wenigen Stunden überzugehen pflegt.

## §. 348.

Sind daher jene der Weingährung zu unterwerfenden Säfte gehörig vorbereitet, und ist das eben gedachte Ferment bey der Hand, so setzt man dasselbe dem Safte in einem solchen Verhältniß zu, daß auf jedes Quart des gährungsfähigen Saftes, vier Loth von dem Ferment gerechnet werden. Man menge alles wohl untereinander, und unterhalte nun das Faß mit geöffnetem Spunde in der gehörigen Temperatur, bis die Weingährung vollendet ist.

## §. 349.

Ist dieses der Fall, dann füllet man die Fässer mit einer andern Portion derselben weingahren Flüssigkeit vollkommen an, man spundet sie hierauf luftdicht zu und läßt sie ruhig liegen, damit die weingahre Flüssigkeit sich klären kann. Sie stellt nun ein eignes weinartiges Getränk dar, das im Geruch, Geschmack und der Farbe eben so verschieden ist, als die Frucht, aus welcher der Saft ausgepreßt worden war; daher denn auch ein jeder solcher Wein mit seinem eigenen Namen belegt werden muß.

§. 350.

Will man jene weingahren Säfte als Wein trinken, wozu sie sehr geschickt sind, so müssen solche von den ersten Gährungsfässern ab und auf andre Fässer gezogen werden. Sind diese luftdicht verspundet worden, und werden sie in einem trocknen kühlen Keller aufbewahrt, nimmt man ferner darauf Rücksicht, daß sie wenigstens von drey Wochen zu drey Wochen mit derselben weingahren Flüssigkeit aufgefüllet werden, so nehmen jene Flüssigkeiten wahrend dem Zeitraum von drey bis vier Jahren, vermöge einer in ihnen fortdauernden unmerklichen Weingährung, an innern Geist und Feuer immer mehr zu, und, nun insbesondre, stellen sie brauchbare weinartige Getränke von eigener Art dar.

§. 351.

Sind aber jene weingahren Säfte dazu bestimmt in Essig übergeführt zu werden, so ist es nicht nöthig, solche erst zu lagern, sondern sie sind gleich hiezu geschickt, so bald nur die Weingährung in ihnen überstanden ist, wenn ihnen nur die gehörigen sauren Fermente gegeben werden, um ihren Uebergang in Essig dadurch zu begünstigen und zu beschleunigen; und hiezu ist ein schon fertiger guter Essig, am besten Weinessig, das schicklichste Mittel.

§. 352.

Um die Essiggährung jener weingahren Säfte zu veranstalten, werden solche mit dem achten Theil ihres Umfanges von Weinessig gemengt, der vorher in einem zinnern Kessel bis zum Siedepunkte erhitzt worden ist. So vorgerichtet überläßt man nun jene Säfte in den dazu bestimmten Säurungsfässern, bey der erforderlichen Temperatur von 18 bis 20 Grad Reaumür der fortdauernden sauern Gährung so lange, bis solche in den Zustand eines vollkommnen Essigs übergeführt worden sind.

§. 353.

Kann man indessen, an die Stelle des Weinessigs, einen schon vorräthigen Essig anwenden, der aus demselben Safte, welcher in die saure Gährung versetzt werden soll, bereitet worden war, so ist es allerdings um so besser; und es ist daher in jedem Fall sehr rathsam, vorher eine kleinere Portion eines oder des andern jener weingahren Säfte in den Zustand des Essigs überzuführen, um denn den daraus gewonnenen Essig als saures Ferment für die größere Masse in Anwendung zu setzen.

§. 354.

Die aus jenen Säften gewonnenen Essige müssen, nachdem sich solche vollkommen geklärt haben, auf gläserne Bouteillen gezogen, solche wohl verstopft und verpicht, und in einem trocknen kühlen Keller aufbewahret werden, da diese Essige sich dann Jahre lang ohne Verminderung ihrer Güte aufbewahren lassen.

§. 355.

Aus der beschriebenen Verfahrungsart siehet man sehr wohl ein, daß sie von der gewöhnlichen Operation der Essigfabrikation wenig abweicht, und wesentlich gar nicht verschieden ist. Aber die Essige, welche man auf diese Art gewinnt, sind an Schönheit und Delicatesse jeder andern bekannten Art weit vorzuziehen. Sie sind bis jetzt im Handel noch gar nicht bekannt gewesen, sie werden im Handel einen verhältnißmäßig hohen Preis behaupten, und daher einen neuen ergiebigen Erwerbszweig eröffnen.

# Achter Abschnitt.

## Von der Fabrikation des Essigs aus Zucker, aus Rosinen oder aus Honig.

### Allgemeine Bemerkung.

§. 356.

In den meisten Provinzen Deutschlands, mit Ausnahme von Franken und den Rheingegenden, woselbst der Weinbau nur sparsam betrieben wird, wo Boden und Clima nur selten ein völliges Reifwerden desselben gestattet, und wo endlich die Kunst, aus unsern schwachen Landweinen, durch die Vermengung derselben mit süßen schweren spanischen Weinen und einer nochmaligen Fermentation des Gemenges, fremde Tischweine nachzuahmen, gleichsam zu Hause ist, wird nur selten ein ächter Weinessig fabricirt; und dasjenige, was man unter diesem Namen im Handel bekommt, ist in der Regel nur ein künstlicher Essig, wozu bald der Zucker, bald die Rosinen, bald der Honig, die gährungsfähige Grundlage dargeboten haben.

§. 357.

Da jene Substanzen aber sämmtlich reich an Zucker und Schleimzucker sind, und den Zuckerstoff auch im Traubenwein dieselbe Basis ausmacht, aus welcher die Bildung des

des Essigs hervorgehet: so kommt es nur darauf an, den aus jenen Substanzen darzustellenden Essigen, gleich bey ihrer ersten Entstehung, ein gehöriges Quantum Weinstein beyzusetzen, der im ächten Weinessig immer gegenwärtig gefunden wird, um sie dadurch in der Grundmischung dem ächten Weinessig so ähnlich wie möglich zu machen.

§. 358.

Wenn es aber als ausgemacht angenommen werden muß, daß die aus Zucker, Rosinen oder Honig bereiteten Essigarten, in Hinsicht der Grundmischung, wenn ihre Zubereitung nur sonst regelmäßig veranstaltet worden ist, vom ächten Weinessig gar nicht verschieden sind: so muß deren Fabrikation in weinarmen Ländern auch um so mehr gebilligt werden.

§. 359.

Es muß selbst erlaubt seyn, denjenigen Essigen, welche aus Rosinen bereitet worden sind, das Prädikat künstlicher Weinessig beyzulegen, weil Rosinen und Weintrauben bloß durch den Mangel an wäßrigen Theilen in den Erstern, von einander verschieden sind. Dieses Prädikat kommt aber auch den aus Zucker oder Honig fabricirten Essigen mit vollkommnem Recht zu, da der Zuckerstoff die allgemeine Grundlage zur Wein- und Essigbildung, in jeder andern gährungsfähigen Substanz, so gut wie im Wein ausmacht. Die Zubereitung solcher künstlichen Essige erfordert eigene Zusammensetzungen: ich werde daher die Fabrikation von jedem Einzelnen besonders beschreiben.

# Erste Abtheilung.

## Fabrikation des Rosinen-Essigs.

### (Künstlicher Weinessig aus Rosinen.)

§. 360.

Die Rosinen sind nichts anders als getrocknete Weintrauben, sie enthalten also alle Bestandtheile des wahren Weins oder der Weinbeeren, und es ließ sich daher mit Zuversicht erwarten, daß man solche zur Fabrikation eines vorzüglich guten, dem aus ächtem Wein bereiteten völlig gleich kommenden Essigs, mit Vortheil würde anwenden können.

§. 361.

Um jenes zu veranlassen, bedarf es auch in der That weiter nichts, als jener trocknen Rosinen, den beym Austrocknen verlohren gegangenen Antheil der Wäßrigkeit wieder zu geben, den Saft auszupressen, und solchen alsdann derjenigen Behandlung zu unterwerfen, wodurch derselbe erst in Wein, und aus diesem Zustande in den des Essigs übergeführt werden kann.

§. 362.

Will man die Anlage zu einer Fabrik des Rosinen-Essigs so machen, daß jedes zur Weingährung bestimmte Faß 200 Berliner Quart Inhalt fasset, so muß man vor allen Dingen die dazu benöthigten Fässer in Bereitschaft setzen, und dann die trocknen Rosinen in den saftreichen Zustand wieder überführen.

§. 363.

Für jedes einzelne Faß dieser Art, werden 50 Pfund große Rosinen erfordert. Man übergießt selbige nebst den daran sitzenden Kämmen in einem hölzernen Bottich mit 50 Quart siedend heißem Flußwasser, und läßt solche bis zur mäßigen Abkühlung darin beharren. Sie finden sich nun aufgequollen, ihr Saft ist wieder hergestellt, und sie sind nun zum Auspressen des Saftes vorbereitet.

§. 364.

Zu dem Behuf werden sie jetzt nebst den Kämmen in einem Mörser so vollkommen wie möglich zerstampft, um sie in Brey zu verwandeln, und dieser Brey wird hierauf mit 50 Quart siedendem Wasser zum zweytenmal angebrühet, und wenn das Fluidum erkaltet ist, nun der Saft so gut wie möglich ausgepreßt.

§. 365.

Um nun den erhaltenen Rosinensaft zur Weingährung vorzubereiten, wird derselbe durch Flanell gegossen, dann auf das Gährungsfaß gebracht, es werden vier Quart gute Weißbierhefe zugesetzt, und dann noch so viel Flußwasser hinzu gegossen, das vorher bis auf die Temperatur von 30 Grad Reaumür erwärmt worden war, bis das Faß vollgefüllet ist; worauf man alles wohl untereinander mengt.

§. 366.

So vorgerichtet werden nun die Fässer auf dem dazu bestimmten Lager in der Gährungsstube placirt, und bey der Temperatur von 18 bis 20 Grad, die Fermentation abgewartet. Sie nimmt sehr bald ihren Anfang. Man erkennet dieses aus dem Aufstoßen der Hefe aus der Spundöffnung der Fässer, so wie aus dem zischenden Geräusch, und dem kohlenstoffsaurem Gas, welches entwickelt wird. Man läßt die Masse bis zur Vollendung der Fermentation ruhig fort operiren, nemlich so lange, bis alle oben bemerkte Erscheinungen völlig nachlassen.

§. 367.

Ist die Weingährung jener Massen vollendet, so werden die Fässer verspundet, und sie bleiben nun 14 bis 15 Tage lang ruhig liegen, damit das Fluidum sich abklären kann. Hierauf wird das weingahre Fluidum mittelst Hebern von der darunter befindlichen Hefe abgezogen, und in andern gut verspundeten Fässern an einem kühlen Orte aufbewahrt. Es stellt in diesem Zustande einen Rosinenwein dar, der, wenn mehr Rosinen zu seiner Anfertigung verwendet werden, und wenn er ein paar Jahr gelagert wird, einen angenehmen, feurigen, trinkbaren Wein ausmacht. Der so eben beschriebne Rosinenwein ist indessen bloß zur Fabrikation des Essigs bestimmt.

§. 368.

Um den Uebergang des Rosinenweins in Essig zu befördern, operirt man ganz nach derselben Art, wie solches mit dem Traubenwein bemerkt worden ist: nemlich man füllet 50 Quart schon fertigen Essig auf ein jedes Mutterfaß, der vorher bis zum Sieden erhitzt worden ist; man setzt demselben nun 15 bis 20 Quart Rosinenwein zu, läßt alles in der Säurungsstube 14 Tage lang bey der erforderlichen Temperatur ruhen, worauf man von acht Tagen zu acht Tagen, jedesmal 10 Quart Rosinenwein nachfüllet, bis die Mutterfässer an die Seitenöffnungen erfüllet sind, und nun die saure Gährung noch 14 Tage fortwalten läßt. Nimmt man darauf Rücksicht, daß hiebey die Temperatur von 18 bis 20 Grad nie unterbrochen wird, so findet man nachher alle Fässer mit einem guten schönen Essig erfüllet.

§. 369.

Ist die Fabrikation des Rosinenessigs einmal in Gang gesetzt, und ist kein Mangel an vorräthigem Rosinenwein, so kann die Erstere nun ununterbrochen fortgesetzt werden; und hiezu ist denn weiter nichts nöthig, als daß man von dem schon fertigen Essig auf den Mutterfässern, von acht Tagen zu acht Tagen jedesmal 15 Quart abziehet, und solche durch eben so viel Rosinenwein ersetzt. So bildet der auf den Mutterfässern vorhandene fertige Essig ein ununterbrochnes Essigferment, für den neu hinzukommenden Wein, der in kurzer Zeit wieder dadurch in Essig übergeführt wird.

§. 370.

Der fertige Rosinen-Essig, er mag mit einemmal gebildet worden seyn, oder man mag denselben nach der letztern Methode nach und nach erzeugt haben, wird nun in beyden Fällen auf die dazu bestimmten Klärfässer, und von diesen auf die Magazinfässer gefüllet, und in einem trocknen, kühlen Keller aufbewahret, da solcher denn Kaufmannsgut ausmacht.

§. 371.

Da, wie schon oft erwähnet worden, die Rosinen alle Bestandtheile des wahren Weins, also auch Weinstein in ihrer Grundmischung enthalten, so bedarf der Rosinenwein keines Zusatzes des Letztern, um wahren Weinessig zu produciren. Will man aber dem Rosinenwein, vor seinem Uebergang in die Essiggährung, eine verhältnißmäßige Quantität Brandwein zusetzen, z. B. 5 Quart auf 200 Quart, so kann man dadurch seinen Uebergang in Essig sehr beschleunigen, und die Stärke des daraus gewonnenen Essigs bedeutend vermehren.

§. 372.

Uebrigens kommt der Rosinenessig, aus den schon erwähnten Gründen, dem ächten Weinessig am allernächsten, und er darf daher um so weniger als ein künstlicher Weinessig angesehen werden, da er gleichsam aus wahrem Wein zubereitet worden ist, und in seiner Grundmischung mit dem ächten Weinessig vollkommen übereinstimmt.

---

# Zweyte Abtheilung.

## Fabrikation des Zuckeressigs.

### (Künstlicher Weinessig aus Zucker.)

§. 373.

Daß der Zucker die vorzüglichste Grundlage der Wein- und Essiggährung ausmacht, ist schon oft erwähnt worden, und man darf sich daher so weniger darüber wundern, daß ein Stoff, welcher als Bestandtheil andrer Substanzen solche zur Gährungsfähigkeit disponirt, selbst ein gährungsfähiges Wesen sey, und alle diejenigen Produkte der verschiedenen Fermentationen zu erzeugen vermag, welche die zuckerhaltigen Substanzen des Pflanzenreichs zu produciren vermögen.

§. 374.

Man kann daher aus dem Zucker sowohl Wein als Essig bereiten, wenn solcher den dazu erforderlichen Bedingungen unterworfen wird. Er ist aber in seinem reinen Zustande, in Wasser gelöst, weit weniger der Fermentation unterworfen, als die zuckerhaltigen Pflanzenstoffe, und der Grund hievon liegt einzig und allein im Mangel an Schleim, welchen jene Substanzen mit dem Zucker zugleich enthalten.

§. 375.

Wenn daher die Auflösungen des reinen Zuckers in Fermentation gesetzt werden sollen, es sey um Wein oder um Essig daraus zu bereiten, so erfordert derselbe eine eigene Vorbereitung. Die hiezu erforderlichen Operationen sind mannigfaltig, und ich werde solche daher unter einzelnen Rubriken beschreiben: bevor ich indessen die Methode beschreibe, wie aus dem Zucker Essig verfertigt wird, will ich erst zeigen, wie man einen guten trinkbaren Wein daraus darstellen kann.

§. 376.

Man löse 50 Pfund weißen Melis oder auch Lumpenzucker und 3 Pfund weißen Weinstein in 180 Quart reinem Regenwasser, oder an dessen Stelle auch weichem Flußwasser kalt oder warm auf. Man setze der Auflösung, nachdem solche zuvor bis auf die Temperatur von 25 Grad

Reaumür erhoben, oder wenn sie wärmer war, bis auf diese Temperatur erkältet ist, 20 Quart in Gährung befindlichen Wein- oder Birnmost zu, menge alles recht wohl unter einander, und fülle das gemengte Fluidum in ein Weinfaß, so daß solches vollkommen damit angefüllet wird.

§. 377.

Wenn kein in Gährung begriffener Wein- oder Birnmost vorhanden ist, so muß solcher zu dem Behuf zubereitet werden. Man verschiebt daher die ganze Operation bis zum Herbst, wo Wein und Birnen ihre Reife erhalten haben. Man wählt dazu gute völligreife und zuckerreiche Weintrauben, man pflückt die Beeren von den Kämmen ab, zerquetscht sie mit einer hölzernen Keule, preßt den Saft aus, und läßt solchen ohne weitern Zusatz, sey es in einem hölzernen Fasse, oder in einer gläsernen Flasche, in die Weingährung übergehen. Will man Birnmost dazu anwenden, so preßt man ihn am liebsten aus Bergamottenbirnen aus, und läßt ihn, wie vorher gesagt, in Fermentation gehen.

§. 378.

Da jener Most dazu bestimmt ist, als Weinferment zu wirken, so muß man ihn denn zur Zuckerauflösung setzen, wenn derselbe eben in der vollkommensten Fermentation begriffen ist. Er wirkt in diesem Zustande wie ein gährender Funke für die flüssige Zuckermasse, die Fermentation derselben nimmt, unter Begünstigung der dazu erforderlichen Temperatur sehr bald ihren Anfang, sie ist mit den gewöhnlichen Erscheinungen begleitet, und sie erreicht ihren Endpunkt, wenn die Masse bis 200 Quart beträgt, erst nach einem Zeitraum von dritthalb bis drey Wochen; wobey das Faß ununterbrochen einer Temperatur von wenigstens 16 bis 17 Grad Reaumür unterworfen bleiben muß.

§. 379.

Ist die Weingährung jener Masse vollendet, so wird das Faß mit einer andern Portion derselben gegohrnen Flüssigkeit, oder auch mit Wein voll gefüllet, fest verspundet, und nun 14 Tage bis 3 Wochen an einem kühlen Orte ruhig liegen gelassen. Der nun gebildete Wein wird hierauf auf andre Fässer abgezogen, auf welcher schon Wein gelegen hat, diese gleichfalls fest verspundet, und man läßt ihn nun zwey bis drey Jahre liegen, während welcher Zeit er oft aufgefüllet werden muß: da man ihn dann in einen starken feurigen trinkbaren Wein umgeändert findet.

§. 380.

Ein solcher Zuckerwein kann zwar, wenn solcher der sauren Gährung unterworfen wird, allerdings in Essig umgeändert werden, und derselbe producirt außerdem einen Essig von ganz vorzüglicher Güte und Stärke. Es würde aber Schade seyn, ihn auf Essig zu verarbeiten, da er ein guter trinkbarer Wein ist, und zum Zuckeressig eine weniger kostspielige Methode adhibirt werden kann; wie ich nun gleich angeben werde.

## Erste Verfahrungsart.

### (Zuckeressig aus reinem Zucker).

§. 381.

Um einen brauchbaren Zuckeressig darzustellen, wobey vorausgesetzt wird, daß ein Mutterfaß von 200 Quart mit einemmal in Arbeit genommen werden soll, und nach welcher Vorschrift denn mehrere Fässer zu gleicher Zeit beschickt und in Gährung gesetzt werden können, sind folgende Ingredienzen erforderlich: 158 Quart weiches Fluß- oder Regenwasser; 10 Pfund Moskovade oder Farinzucker; 6 Pfund roher weißer Weinstein; 4 Quart gute weiße Bierhefe; 12 Quart Brandwein, in welchem das Alkoholometer 28 bis 30 Grad zeigt; und 15 Quart fertiger Wein- Obst- oder Rosinenessig, welche Materialien nun auf folgende Art vorbereitet werden.

## §. 382.

Man bringt das Wasser in einem zinnern Kessel zum Sieden, man trägt nun den vorher gepulverten Weinstein hinzu, und rührt alles mit einem hölzernen Spaten so lange um, bis der Weinstein gelöst ist, worauf nun auch der Zucker hinzugebracht wird. Die so bereitete Auflösung wird jetzt in ein Gährungsfaß gefüllet, das auf einer etwas hohen Unterlage aufrechts gestellt, und dessen oberer Boden ausgehoben ist.

## §. 383.

Wenn sich das Fluidum in jenem Fasse bis auf 25 Grad Reaumür abgekühlt hat, setzt man die Bierhefe hinzu, rührt alles wohl untereinander, verschließt das Faß mit seinem Deckel ganz leicht, und läßt nun die Weingährung der Masse vor sich gehen. Unterhält man in der Gährungsstube einen ununterbrochenen Grad der Temperatur von 18 bis 20 Grad Reaumür, so nimmt die Weingährung schon 12 bis 15 Stunden nachher, als man die Hefe hinzugebracht hat, ihren Anfang, und dauert vier bis sechs Tage fort, worauf der Schaum sich setzt, zu Boden lagert, und das Fluidum sich aufklärt: welches andeutet, daß die Weingährung vollendet ist.

§. 384.

Jetzt wird das weingahre Fluidum abgezogen, auf das Säurungs- oder Mutterfaß gebracht, und demselben der Brandwein so wie der Essig zugegeben, welche vorher ein paar Tage in der Gährungsstube, aufbewahrt worden sind um ihnen eine der übrigen Flüssigkeit gleiche Temperatur zu geben. Man rührt jetzt abermals alles wohl untereinander, und läßt nun das Mutterfaß, ohne dessen Spund und Seitenöffnung zu verschließen, bey der erforderlichen Temperatur, auf seinem Lager ruhig liegen.

§. 385.

Die saure oder Essiggährung der Flüssigkeit nimmt nun sehr bald ihren Anfang, und wird aus dem stechendsauren Geruch erkannt, welchen die gährende Masse ausstößt. Man läßt sie ruhig fortwalten, bis ein vollkommen starker Essig gebildet worden ist, wozu ein Zeitraum von 8 oder 10, wohl auch 12 Wochen erfordert wird. Man ziehet hierauf den gebildeten Essig mittelst einem Heber auf ein andres Faß ab, lagert dasselbe wohl verspundet in einem kühlen Keller, und er ist in diesem Zustande nun Kaufmannsgut.

§. 386.

Der auf diesem Wege gewonnene Zuckeressig ist farbenlos, rein von Geruch und Geschmack, und von ganz vorzüglicher Stärke. Er hält alle Proben des ächten Weinessigs aus, und ersetzt dessen Stelle, auch selbst für den besten Kenner. Wer diesen Essig von einer weingelben Farbe zu haben wünscht, der kann solche sehr leicht dadurch hervorbringen, daß für jedes Quart Essig ein Viertelquentchen braun gebrannter Zucker, in warmen Essig aufgelöst, und diese gefärbte Auflösung dem übrigen Essig beygemengt wird.

§. 387.

Bey der eben beschriebenen Anlage zu einer Fabrik des Zuckeressigs, habe ich vorausgesetzt, daß vorher noch kein solcher Zuckeressig von dem Unternehmer fabricirt worden sey; und aus eben dem Grunde ist die Bierhefe zur Veranlassung der Weingährung, und der Essig zur Veranlassung der sauren Gährung, vorgeschrieben worden.

§. 388.

Jene beyde Hülfsmittel zur Fabrikation des Zuckeressigs sind indessen entbehrlich, wenn dieselbe einmal in regelmäßigen Betrieb gesetzt worden ist: denn nun fällt der Bedarf an Hefe während der Weingährung der Masse von selbst ab; und der Essig kann entbehrt werden, wenn der fertige Zuckeressig von den Mutterfässern nur so weit abgezogen wird, daß in jedem derselben ohngefähr 20 Quart übrig bleiben, welcher Rückstand, nebst der darin befindlichen Essighefe, vorzüglich geschickt ist, durch hinzugegoßnen Zuckerwein, die neue Essiggährung zu veranlassen und solche zu unterhalten.

---

## Zweyte Verfahrungsart.

### (Zuckeressig aus Zuckerwasser).

§. 389.

Der nach der eben beschriebnen Methode fabricirte Zuckeressig erfordert die unmittelbare Anwendung des Zuckers selbst; und wenn man gleich dadurch in den Stand gesetzt ist, einmal wie das andremal, einen Essig von gleicher Güte und Stärke zu produciren, so macht doch auch die Anwendung des Zuckers ihn theuer. Aus dem Grunde werde ich hier eine zweyte Verfahrungsart zur Fabrikation des Zuckeressigs mittheilen, wobey der Zucker selbst erspart wird.

§. 390.

Man setze sich mit einer Zuckerraffinerie in Verbindung, und nehme das reich mit Zuckertheilen beladene Wasser in Pacht, welches beym Auswaschen der Zuckerformen, der Siedekessel, der Seihetücher, so wie beym Auslaugen des Schaumes, und mehrerer anderer Operationen in den Zuckerraffinerieen abfällt, und sonst auf Zuckerbrandwein verarbeitet zu werden pflegt.

§. 391.

Jenes Zuckerwasser, welches eine wahre Lösung des, freylich oft halb zerstöhrten Zuckers in Wasser ausmacht, und das man gemeiniglich um einen sehr billigen Preis kaufen kann, ist zur Fabrikation eines brauchbaren Zuckeressigs, ganz vorzüglich geeignet.

§. 392.

Da dieses Wasser aber nicht immer eine gleiche Quantität Zucker gelöst enthält, und von dem bestimmten Gehalt des Zuckers in einer gegebenen Quantität seiner Auflösung, die Stärke des Essigs abhängt, so ist es nothwendig darauf zu sehen, daß in einem solchen abfallenden Zukkerwasser allemal eine Uebereinstimmung zwischen dem Zukker und dem Wasser bewirkt wird.

§. 393.

Man lasse sich zu dem Behuf von einem Mechanikus einen Saccharometer anfertigen, wozu ich hier in Berlin die akademischen Mechanici, Herrn Renard und Herrn Traupel, empfehlen kann. Man verstehet unter diesem Instrumente eine Art von Salzspindel oder Brandweinprober, deren Skale beym Eintauchen in das Zuckerwasser, für jeden darauf verzeichneten Grad, den Gehalt trocknen Zuckers nach Procenten angiebt.

§. 394.

Man kann ein solches Instrument auch selbst anfertigen. Man läßt sich zu dem Behuf von einem Glasblaser eine solche Spindel anfertigen. Sie bestehet aus einer hohlen gläsernen Kugel, die sechs Linien Durchmesser hat, unter derselben ist eine kleinere Kugel von drey Linien Durchmesser angeschmolzen, deren Höhlung mit der der Größern communicirt. Das obere Ende der größern Kugel, verlängert sich in ein 5 bis 6 Zoll langes, vollkommen cylindrisches Rohr, das eine halbe Linie Durchmesser hat.

## §. 395.

Um jenes Instrument zu graduiren, senkt man dasselbe mit der Kugel in einen gläsernen, mit destillirtem Wasser gefüllten Cylinder ein, und wirft nach und nach so viel Bleyschrot in die untere kleinere Kugel, bis das Instrument eine senkrechte Stellung einnimmt, und bis auf zwey Linien von der Oeffnung des Cylinders einsinkt. Man bemerke diesen Punkt mit dem Zeichen von Null.

## §. 396.

Man löse jetzt 1 Loth Zucker in 99 Loth destillirtem Wasser auf, und tauche das Instrument in der Flüssigkeit ein. Man bemerke den Punkt, auf welchen dasselbe eintaucht, und bezeichne ihn mit 1. Man tauche das Instrument hierauf in die Lösung von 2 Loth Zucker und 98 Loth Wasser, und bezeichne den Punkt seines Eintauchens mit 2; und so fahre man mit dieser Operation fort, bis man zuletzt die Lösung von 30 Loth Zucker und 70 Loth Wasser gemacht hat.

## §. 397.

Man trage jetzt die so gebildete Gradleiter, mittelst einem Cirkel, auf Papier, und verfertige daraus eine genau abgetheilte und mit den Ziffern 0. 1. 2. 3. 4. 5. 6. 7. 8. 9. 10. u. s. f. beschriebne Skale. Man rolle solche in einen Cylinder zusammen, der in den gläsernen Cylinder einpaßt, man befestige sie in dem Letztern mit etwas Siegellack, und lasse nun die Oeffnung des Glascylinders an der Glaslampe zu schmelzen, doch so, daß nichts von der Glasmasse desselben verlohren gehet.

§. 398.

Jenes Saccharometer, welches für jeden Grad seiner Skale, den Gehalt des Zuckers in einer Auflösung desselben nach Procenten angiebt, ist nun sehr geschickt, die Stärke des Zuckerwassers, nemlich seinen Gehalt an trocknem Zucker zu erforschen, und seinen merkantilischen Werth darnach zu bestimmen: denn jeder Grad dieses Instruments zeigt nun beym Eintauchen desselben in das Zuckerwasser an; wie viel Pfund trocknen Zucker dasselbe in dem Gewicht von hundert Pfund der Flüssigkeit gelöst enthält.

§. 399.

Zeigt das Saccharometer beym Eintauchen in das angekaufte Zuckerwasser fünf Procent Zuckergehalt, dann ist solches zur Verarbeitung auf Essig vorzüglich geschickt. Ist dessen Zuckergehalt geringer, so muß man solches in einem zinnern Kessel so weit verdunsten, bis das Saccharometer in der abgekühlten Flüssigkeit auf 5 Grad eintaucht: und ein solches Wasser vertritt nun die Stelle des mit Wasser gelösten Zuckers.

§. 400.

Um nun dieses Zuckerwasser in Essig umzuändern, wird folgendermaßen operirt. Man bringt hundert Quart desselben in einem zinnern Kessel zum Sieden, man lößt fünf Pfund gepulverten Weinstein darin auf, gießt alsdann die Auflösung in ein zur Weingähre bestimmtes Faß, das 200 Quart fasset, füllet dann 95 Quart kaltes Flußwasser, und fünf Quart gute Bierhefe, oder eben so viel Hefe von einer vorhergegangenen Fabrikation des Zuckeressigs hinzu, rührt alles wohl untereinander, und läßt nun das Faß in der auf 18 bis 20 Grad erwärmten Gährungsstube auf seinem Lager ruhig liegen.

§. 401.

Die Fermentation der Masse wird bald ihren Anfang nehmen und ruhig fortgehen. Man sammlet die dabey aus dem Spunde herausquellende Hefe in untergesetzten Wannen, und wenn die Weingährung vollendet ist, nemlich wenn das Aufsteigen des Schaums nachläßt, spundet man das Faß zu, und verwahrt solches in derselben Gährungsstube auf seinem Lager.

§. 402.

Auf solche Art kann man mehrere Fässer zugleich vorrichten, und ihren Inhalt einer gemeinschaftlichen Weingährung unterwerfen. Sammlet man die dabey abfallende Hefe, so dienet selbige nun, wie bereits erwähnet worden, bey einer neu anzustellenden Weingährung des Zuckerwassers, statt der sonst erforderlichen Bierhefe, als Weinferment.

§. 403.

Ist die Weingährung des Zuckerwassers vollendet, so schreitet man nun zur Essiggährung desselben. Zu dem Behuf füllet man auf jedes der vorhandenen und auf dem Lager placirten Mutterfässer 10 Quart guten Brandwein von 28 bis 30 Grad nach dem Alkoholometer, nebst 15 Quart irgend eines guten fertigen Essigs. Man füllet nun so viel vom Zuckerwein hinzu, daß die Flüssigkeit bis an die Seitenöffnung des Mutterfasses reicht, rührt alles wohl untereinander, giebt der Gährungsstube die erforderliche

Temperatur, und läßt nun die Essiggährung der Masse anfangen, so wie bis zur Vollendung fortgehen. Sie dauert während einem Zeitraume von 10 bis 12 Wochen fort, wobey das Fluidum in einen vortrefflichen Essig übergeführt wird, welcher nun, nachdem er sich geklärt hat, auf Magazinfässer abgezogen und aufbewahrt werden muß.

## §. 404.

So operirt man mit der Anlage einer Zuckeressigfabrik nach der oben beschriebnen Methode. Ist die Fabrikation des Zuckeressigs nach derselben aber einmal in einen regelmäßigen Gang gesetzt, nemlich ist die erste Essiggährung in den gelagerten Mutterfässern beendigt, dann kann man sich des folgenden Handgriffs bedienen, um die Umänderung des übrigen Zuckerweins in Essig zu beschleunigen.

## §. 405.

Man ziehet von jedem Mutterfasse 15 Quart Essig ab, der aufbewahrt wird, und ersetzt ihn durch 15 Quart Zukkerwein. Nach einem Zeitraume von acht Tagen, wenn die Säurungstemperatur ununterbrochen fortgedauert hat, hat der im Mutterfaß befindliche Essig wieder seine vorige Stärke angenommen: nemlich der hinzugesetzte Zuckerwein ist gleichfalls in Essig übergeführt worden.

## §. 406.

Man ziehet jetzt abermals 15 Quart Essig ab, ersetzt ihn durch Zuckerwein, und läßt das Ganze wieder acht Tage lang die Essiggährung bestehen. So fährt man mit jener Operation von acht Tagen zu acht Tagen fort, bis aller vorräthige Zuckerwein in Essig umgeändert worden ist.

Auf diese Art bleiben die Mutterfässer beständig voll gefüllet, und die einmal veranlassete Essiggährung dauert ununterbrochen fort.

§. 407.

Soll aber diese Operation einen glücklichen Erfolg haben, denn ist es unumgänglich nothwendig, daß die Temperatur der Säurungsstube, es sey Tag oder Nacht, nie merklich über 20° steigt, und nie merklich unter 18° fällt. Der nach und nach abgezogne und auf die Klärfässer gefüllete Essig klärt sich auf, und kann denn von diesen auf die Magazinfässer abgezogen werden, in welchen der Essig nun, wohlverspundet, in einem kühlen Keller aufbewahrt wird.

---

# Dritte Abtheilung.

## Fabrikation des Honigessigs.

### (Künstlicher Weinessig aus Honig.)

§. 408.

Der Honig ist zwar eine dem Zucker sehr ähnliche Substanz, welche durch die Honigbienen aus den Honigbehältnissen der Blumen gesammlet, von ihnen zubereitet, und in den Bienenstöcken deponirt wird. Aber er ist in seinen Qualitäten vom Zucker merklich verschieden, und darf in chemischer Hinsicht betrachtet, nicht mit demselben verwechselt werden: obschon der Honig, so gut wie der Zucker, zur Bildung eines Weins als eines brauchbaren Essigs geschickt ist.

## §. 409.

Die Kunst, aus Honig Essig zu bereiten, ist sehr alt. Schon zu Plinius Zeiten hatte man die Erfahrung gemacht, daß das Wasser, welches man zum Auswaschen der Bienenstöcke gebrauchte, nachdem selbiges durchs Abdunsten in die Enge gebracht worden war, sehr leicht in den Zustand des Essigs übergehet, und man nannte ein solches saures Fluidum Honigessig.

## §. 410.

Noch besser fällt aber ein solcher Honigessig aus, wenn derselbe aus reinem Honig absichtlich zubereitet wird, weil man es denn in der Gewalt hat, das Verhältniß gegen die Wäßrigkeit genau festzusetzen, und die Stärke des Essigs darauf zu gründen. Man gewinnt auf einem solchen Wege erst einen Honigwein oder Meth, der, wenn er der sauren Gährung unterworfen wird, nun in einen brauchbaren Essig übergehet.

## §. 411.

Um einen guten trinkbaren Honigwein oder Meth zu verfertigen, muß folgendermaßen operirt werden. In einem zinnernen Kessel löse man 80 Pfund guten gelben Honig in 150 Quart Wasser auf, man setze der Flüssigkeit sechzehn Loth in kleine Stücke zerschnittenen Ingber, nebst acht Stücken klein zerschnittene Citronen zu, lasse alles ein paarmal wohl aufkochen, man nehme den Schaum mit einer Kelle ab, und fülle nun das gekochte Honigwasser in eine 200 Quart haltende Weintonne. Wenn alles bis auf 25 Grad Reaumür abgekühlt ist, menge man vier Quart gute Weißbierhefe darunter, rühre alles wohl untereinander, fülle das Faß, wenn solches nicht voll wird, mit Wasser nach, und lasse nun alles in einer gehörig erwärmten Gährungsstube mit geöffnetem Spunde ruhig liegen.

§. 412.

Die Weingährung jener Masse nimmt sehr bald ihren Anfang, wenn solche beendigt ist, welches in einem Zeitraum von 3 bis 4 Tagen erfolgt, fülle man das Faß mit reinem Wasser nach, man verspunde dasselbe, und lasse solches dann vier bis sechs Wochen lang in einem kühlen Keller ruhig liegen. Man ziehe nun das weingahre Fluidum auf ein anderes Faß, oder auch auf Bouteillen klar ab, es wird jetzt einen guten trinkbaren Honigwein oder Meth darstellen.

§. 413.

Soll dagegen ein Honigessig fabricirt werden, so bedient man sich hiezu folgender Verfahrungsart: wobey die Berechnung für ein Faß von 200 Quart gemacht worden ist. In einem zinnernen Kessel löst man 6 Pfund gepulverten Weinstein in 50 Quart siedendem Flußwasser auf, man setzt der Auflösung 12 Pfund gelben Honig zu. Jene Auflösung mengt man in einem hölzernen Bottich mit 146 Quart kaltem Wasser, setzt dem Gemenge 4 Quart Bierhefe zu, rührt alles wohl untereinander, und füllet nun damit ein 200 Quart haltendes Faß voll.

§. 414.

So vorgerichtet, läßt man nun das Faß in der gehörig erwärmten Gährungsstube ruhig liegen, bis die bald darin anfangende Weingährung vollendet ist. Nach vollendeter Weingährung spundet man das Faß zu, läßt solches ruhig liegen, damit das Fluidum sich abklären kann, und ziehet hierauf den klaren Honigwein mittelst einem Heber auf ein andres Faß ab, mengt demselben 10 Quart 28 Grad haltigen Brandwein zu, und läßt nun, nachdem das Faß verspundet worden ist, alles ruhig liegen.

§. 415.

Um nun diesen Honigwein in Essig überzuführen, füllet man auf ein Mutterfaß 20 Quart fertigen Essig, man gießt hierauf so viel von dem Honigwein hinzu, bis das Fluidum an die Seitenöffnung des Mutterfasses reicht, rührt alles wohl unter einander, und läßt nun das Ganze in der gehörig erwärmten Säurungsstube so lange ruhig liegen, bis der Essig gebildet ist, welches, bey einer gehörig unterhaltenen Temperatur, in einem Zeitraum von 9 bis 10 Wochen der Fall seyn wird: worauf der fertige Essig, nachdem derselbe sich geklärt hat, auf andre Fässer abgezogen wird.

§. 416.

So geschiehet die Fabrikation des Honigessigs, wenn man ein Etablissement derselben gründen will. Ist hingegen eine solche Honigessigfabrik einmal regelmäßig im Gange, dann kann der Säurungsprozeß mit einem noch günstigern Erfolg nach derjenigen Methode veranstaltet werden, welche schon bey andern Essigen angegeben worden ist.

§. 417.

Man ziehet nemlich von jedem Mutterfaß 15 Quart fertigen Honigessig ab, ersetzt diesen durch eben so viel Honigwein, und wiederholt dieses Abziehen und Auffüllen von acht Tagen zu acht Tagen, nach welchem Zeitraum jedesmal der Wein in Essig umgeändert ist. Auf diese Art bedarf es nur eines hinreichenden Vorrathes von Honigwein, um dessen Uebergang in Honigessig ununterbrochen fortzusetzen: wenn nur die Gleichförmigkeit der dazu erforderlichen Temperatur beobachtet wird.

§. 418.

Der auf solche Art gewonnene Honigessig klärt sich auf den dazu bestimmten Magazinfässern, in welchen derselbe wohl verspundet an einem kühlen Orte aufbewahrt werden muß, nach und nach auf, und ist nun Kaufmannsgut. Er zeichnet sich durch eine vorzügliche Stärke aus, und nur dann, wenn der dazu angewandte Honig mit vielen Wachstheilen vermengt war, ist ein eigenthümlicher Wachsgeruch in jenem Essig nicht zu verkennen.

§. 419.

Wer einen solchen Honigessig in kleinen Quantitäten zum häuslichen Bedarf anfertigen will, der kann sich dazu eines Ankerfäßchens bedienen, das in der Nähe eines geheitzten Stubenofens aufrechts placirt wird; und dessen oberer Boden oder Deckel mit einem runden Loch von zwey Zoll Durchmesser durchbort ist, um der Luft einen freyen Zutritt zur gährenden Masse zu verschaffen.

§. 420.

Um ein solches kleines Fäßchen anzustellen, ist es hinreichend, 24 Loth Weinstein und anderthalb Pfund gelben Honig mit 24 Quart siedendem Wasser aufzulösen, der bis auf 25 Grad Reaumür abgekühlten Auflösung gleich anderthalb Quart Brandwein, nebst einem Pfunde guten Sauerteig beyzumengen, der vorher mit zwey Quart Wasser zu einer schlammigen Brühe angerieben worden ist.

§. 421.

So vorgerichtet rührt man nun alles wohl untereinander, und läßt das Faß, ohne die Oeffnung im Deckel zu verschließen, bey der gehörigen Temperatur so lange ruhig stehen, bis der Essig gebildet worden ist, welches in einem Zeitraum von 6 bis 8 Wochen der Fall zu seyn pflegt. Man läßt hierauf den fertigen Essig so lange liegen, bis er sich geklärt hat, ziehet ihn dann auf Bouteillen, ab, und verwahrt ihn zum Gebrauch.

§. 422.

Die hier beschriebnen Arten des Essigs aus Rosinen, aus Zucker und aus Honig, sind von einer vorzüglich guten Beschaffenheit; sie können dem Weinessig sowohl in Hinsicht der Stärke als der Grundmischung vollkommen an die Seite gesetzt werden, wenn nur die den Essig bildenden Ingredienzen, unter den angegebnen quantitativen Verhältnissen angewendet worden sind.

§. 423.

Freylich würde, wenn man die bildenden Ingredienzen, nemlich Zucker, Rosinen, Honig, Weinstein, Brandwein ꝛc. gegen die vorgeschriebene Quantität des Wassers vermindern, die letztern hingegen vermehren wollte, noch immer ein Essig gewonnen werden. Da aber die Stärke des Essigs, nemlich seine Reichhaltigkeit an Säure, von der Quantität jener Substanzen abhängig ist, so würde solcher denn auch so viel schwächer ausfallen.

# Neunter Abschnitt.

## Von der Fabrikation des Essigs aus verschiedenen Beten- und Rübenarten, so wie andern süßen Wurzelgewächsen.

§. 424.

Es ist schon oft erwähnt worden, daß alle diejenigen Substanzen des Pflanzenreichs, welche Zucker- und Schleimtheile in ihrer Grundmischung enthalten, unter einer zweckmäßigen Behandlung die Weingährung und aus dieser die Essiggährung einzugehen vermögen, folglich einen brauchbaren Essig darzubieten geschickt sind.

§. 425.

Es lies sich daher vermuthen und die Erfahrung hat es bestätigt, daß man aus allen denjenigen Beten- und Rübenarten, so wie andern Wurzelgewächsen einen brauchbaren Essig darstellen kann, welche vermöge ihrer Grundmischung, zur Wein- und Essiggährung geeignet sind; und ich werde nun bemühet seyn, die dazu erforderlichen Manipulationen zu entwickeln, welche ich durch die darüber angestellten Versuche und Erfahrungen, als die besten befunden habe. Um jene verschiedenen Arten der Essige gehörig zu classificiren, werde ich die Fabrikation derselben unter besondern Abtheilungen darstellen.

# Erste Abtheilung.

## Fabrikation des Runkelrübenessigs.

### §. 426.

Die Runkelrübe ist unter allen Betenarten am reichsten mit Zuckerstoff beladen, und sie ist daher auch zur Fabrikation des Essigs mehr als irgend eine andre Betenart qualificirt. Sie enthält aber außer dem Zuckerstoff noch andre Gemengtheile, deren Geruch und Geschmack den daraus gewonnenen Essig unbrauchbar machen würde, daher jene Theile nach Möglichkeit daraus abgesondert werden müssen, wenn man einen günstigen Erfolg erwarten will.

### §. 427.

Eine vieljährige Bearbeitung der Runkelrübe auf Zucker und andre nützliche Produkte aus denselben, hat mich in den Stand gesetzt, dasjenige aus der geprüftesten Erfahrung kennen zu lernen, was man von diesem Gewächs mit Zuversicht erwarten darf, und das Wahre von demjenigen zu unterscheiden, was von Andern, die die Runkelrübe untersucht haben, vielleicht geträumt worden ist. Ich habe dabey nicht mit Pfunden, sondern mit 50 bis 60 Centnern der Runkelrübe gearbeitet, und ich weiß also dasjenige, was im Großen möglich ist, von demjenigen zu unterscheiden, was man im Kleinen erkünsteln kann. Ich werde die Resultate meiner Arbeiten über die Fabrikation des Zuckers aus der Runkelrübe zu einer andern Zeit bekannt machen; hier bleibe ich bey der Fabrikation des Essigs aus jenem Gewächs stehen.

## §. 428.

Das erste, worauf man hiebey Rücksicht zu nehmen hat, bestehet in der Auswahl der Runkelrüben. Hiebey behaupten diejenigen, welche in- und auswendig weiß sind, den Vorzug, dann folgen die mit gelber Schale, und endlich die mit rother Schale, welche inwendig weiß und roth geringelt sind. Alle aber sind um so besser und zuckerreicher, wenn sie auf einem lockern etwas sandigen Boden erzielet worden sind, der nicht ganz frisch, am wenigsten aber mit Schaf- oder Pferdemist gedüngt worden war.

## §. 429.

Sollen die Runkelrüben zur Fabrikation des Essigs mit Nutzen angewendet werden, so muß ihre Verarbeitung von dem Zeitpunkt ihrer Erndte an, nemlich vom Ausgang des Oktobers bis zum Ausgang des Januars vorgenommen werden, weil späterhin, wie ich mich durch genaue Erfahrungen überzeugt habe, ihre Grundmischung verändert, und der Zuckergehalt zerstört wird: ein Erfolg, der vorzüglich darauf gegründet zu seyn scheint, daß um diese Zeit die neue Vegetation der Rübe ihren Anfang nimmt.

## §. 430.

Man fängt damit an, daß man die Runkelrüben mit Wasser rein abwäscht, um sie vom Schmutz zu befreyen. Hierauf werden sie von der Krone und den zarten Wurzelfasern abgesondert, auch die faulen oder von Würmern angefressenen Stellen mit einem Messer ausgeschnitten.

## §. 431.

So vorgerichtet werden nun die gereinigten Rüben entweder mittelst einem etwas großen eisernen Reibeisen zerrieben; oder man läßt solche mittelst einer Reibemühle zermalmen, durch welche sie auf einer sich unter dem Trichter derselben in geneigter Lage sich bewegenden Walze, die ein hohles Reibeisen ausmacht, fortbewegt und sie in ein breyartiges Mark zerrissen werden.

§. 432.

Das in untergesetzten Wannen gesammlete Mark, welches sehr saftreich ist, wird nun zwischen härnen oder leinen Tüchern in einer dazu bestimmten einfachen Presse zweymal hintereinander gut ausgepresset; und man gewinnt auf diese Art aus jedem Scheffel Runkelrüben, der 96 bis 100 Pfund wiegt, je nachdem die Rübe saftreich war, 15 bis 17 Quart eines zuckersüßen Saftes. Der nach dem Auspressen der Rübe übrig bleibende Rückstand dienet zum Futter für Kühe und Schweine.

§. 433.

So wie der Saft ausgepreßt ist, muß solcher klarificirt werden. Man füllet ihn zu dem Behuf in einen großen zinnern oder auch kupfernen Kessel, rührt so viel an der Luft zerfallenen Kalk darunter, daß auf jeden Eimer Saft, zu 60 Quart gerechnet, 25 Loth zerfallner Kalk zu stehen kommt. Man rührt alles wohl untereinander, und läßt nun die Flüssigkeit bis zum Sieden erhitzen; auch die Masse ein paarmal aufwallen.

§. 434.

Bey dieser Operation wird sich ein dicker zäher Schaum auf der Oberfläche des siedenden Saftes zusammenziehen, der Saft wird sich klären, und die Farbe und Durchsichtigkeit des jungen Franzweins annehmen. Man nimmt jetzt den Schaum mit einer durchlöcherten Kelle ab, gießt den Saft in ein konisch geformtes Klärfaß, welches mit seinem Boden auf einem hölzernen Dreyfuß placirt, an den Seitenwänden herab aber, in der Entfernung von 10 zu 10 Zoll, mit Abzugslöchern versehen ist, die mit hölzernen Zapfen verschlossen werden können. Man deckt das Faß zu, und läßt nun alles 24 Stunden lang ruhig stehen.

## §. 435.

Nach diesem Zeitraum wird sich der Saft geklärt haben. Man ziehet nun den obersten Zapfen aus, läßt den klaren Saft in ein untergesetztes Gefäß ablaufen, und eröffnet nach und nach alle übrige Zapfen, bis der ablaufende Saft sich zu trüben anfängt: worauf der übrige trübe Theil durch einen Spitzbeutel filtrirt werden muß.

## §. 436.

Dieser Saft zeichnet sich jetzt durch Klarheit und eine blaßgelbe Farbe aus, so wie durch einen zuckerartigen Geschmack; und er ist nun geschickt, um in die Weingährung versetzt zu werden. Zu diesem Behuf wird der geklärte Runkelrübensaft auf eine Temperatur von 25 Grad Reaumür erhoben, hierauf in einem hölzernen Bottig mit Bierhefe gemengt, so daß auf jeden Eimer Saft, zu 60 Quart, zwey Quart Hefe gerechnet werden, alles wohl untereinander gerührt, der Bottich leicht zugedeckt, und nun in einer Gährungsstube, bey der Temperatur von 18 bis 20 Grad Reaumür die Fermentation abgewartet.

## §. 437.

Wenn die Weingährung des Saftes vollendet ist, wozu ein Zeitraum von vier bis sechs Tagen erfordert wird, je nachdem die gährende Masse groß oder klein ist, so findet sich der Saft in ein weinartiges Fluidum umgeändert. Man ziehet diesen Runkelrübenwein nun auf andre Gefäße ab, damit derselbe sich klären kann, und er ist nun geschickt, um auf Essig verarbeitet werden zu können, wozu man zweyerley Methoden in Anwendung setzen kann.

# Erste Verfahrungsart.

## §. 438.

Um den Runkelrübenwein in die saure Gährung zu versetzen, muß selbigem ein sauerndes Ferment beygemengt werden. Zu dem Behuf werden 50 Quart des weingahren Runkelrübensaftes in einem zinnern Kessel zum Sieden erhitzt, hierin fünf Pfund Weinstein aufgelöst, und die gebildete Auflösung auf ein gewöhnliches Mutter- oder Säurungsfaß gebracht. Man mengt hierauf 5 Pfund Sauerteig mit so viel Runkelrübenwein an, daß daraus eine schlammige Brühe entstehet, und gießt diese gleichfalls zur ersten Masse in das Mutterfaß. Jetzt setzt man der Vermengung noch 3 Quart guten Brandwein nebst 3 Quart Essig zu, füllet das Mutterfaß bis an seine Seitenöffnung mit dem übrigen Runkelrübenwein an, rührt alles mit einer Krücke wohl untereinander, und läßt nun die Essiggährung vor sich gehen.

§. 439.

So beschickt man ein Mutterfaß nach dem andern, bis das Lager voll ist, man unterhält in der Säurungsstube die erforderliche Temperatur, und man findet nach einem Zeitraum von 8 bis 10 Wochen, die Mutterfässer mit einem guten starken Essig gefüllet. Man läßt ihn sich klären, ziehet ihn dann auf die dazu bestimmten Magazinfässer ab; und er ist nun Kaufmannsgut.

§. 440.

Wer noch nie Essig aus Runkelrüben fabricirt hat, und keinen andern vorräthigen Essig aufopfern will, um die saure Gährung des weingahren Saftes nach der (§. 415.) Art zu beschleunigen, der muß sich allerdings der so eben beschriebnen Methode bedienen. Wer hingegen nun einmal eine gehörige Quantität Runkelrübenessig vorräthig gemacht hat, der kommt nun nach der folgenden Methode leichter zum Zweck.

## Zweyte Verfahrungsart.

§. 441.

Nachdem die Mutterfässer in der Säurungsstube gelagert worden sind, und nachdem man eine erforderliche Quantität Runkelrübenwein vorräthig gemacht hat, füllet man in jedes Mutterfaß 50 Quart in einem Kessel bis zum Sieden erhitzten Essig, gießt 20 Quart Runkelrübenwein hinzu, mengt alles wohl untereinander, und unterhält nun die Temperatur der Säurungsstube auf den erforderlichen Grad. Nach einem Zeitraum von acht Tagen, setzt man der gährenden Masse wieder zehn Quart Runkelrübenwein zu, und fährt nun mit diesem Zufüllen von acht Tagen zu acht Tagen so lange fort, bis das Fluidum im Mutterfasse die Seitenöffnung erreicht hat.

§. 442.

Sind die sämmtlichen Mutterfässer gefüllet, so läßt man sie noch 14 Tage lang in der Säurungsstube liegen, und man findet nun die sämmtlichen Fässer mit gutem Essig gefüllt, der, nachdem er sich geklärt hat, auf Magazinfässer abgezogen werden kann.

§. 443.

Ist diese Fabrikation des Runkelrübenessigs einmal eingeleitet, und ist kein Mangel an weingahren Runkelrübensaft vorhanden, der den Sommer hindurch in kühlen Kellern recht wohl aufbewahrt werden kann, so kann die Erzeugung dieses Rübenessigs, wenn man nur die dabey zum Grunde liegenden Regeln beobachtet, ununterbrochen fortgesetzt werden; und man gewinnt einen Essig, der zwar nicht so viel Annehmlichkeit besitzt als der Wein- oder Cideressig, der beyden aber in Hinsicht der Stärke nichts nachgiebt, und als Gegenstand der Haushaltung, so wie der Künste und Manufakturen sehr wichtig ist.

§. 444.

So wie aus den Runkelrüben, und zwar ganz nach derselben Verfahrungsart, kann auch aus der gewöhnlichen **weißen Bete**, und selbst aus den **rothen Rüben**, ein brauchbarer Essig dargestellt werden: der aber doch nicht völlig die Annehmlichkeit wie jener besitzt. Ich begnüge mich, dies hier bloß bemerkt zu haben, da eine wiederholte Beschreibung der Methode Raum verschwendend seyn würde.

# Zweyte Abtheilung.

## Fabrikation des Carotten- oder Mohrrübenessigs.

### §. 445.

Die gelben Carotten oder Mohrrüben sind gleich den Runkelrüben mit vielen Zucker- und Schleimtheilen durchdrungen, so daß der davon ausgepreßte Saft sehr leicht zur Wein- und Essiggährung geeignet ist. Der Saft jener Rübenart besitzt außerdem noch den Vorzug vor dem aus den Runkelrüben gezognen, daß derselbe frey von dem scharfen beißenden Wesen ist, welches der Runkelrübensaft stets eingemengt enthält, daher auch der Carottenessig viel reiner und angenehmer als der Runkelrübenessig ist.

### §. 446.

Um die Fabrikation des Carottenessigs zu veranstalten, operirt man eben so wie bey den Runkelrüben angegeben worden ist. Man wäscht die Wurzeln, man befreyet solche von der Krone, man zermalmt solche mit dem Reibeisen oder der Walze zu Brey, und preßt das Mark aus. Weil sie aber weniger saftreich sind als die Runkelrüben, so reibt man das nach dem ersten Auspressen übrig gebliebene Mark mit dem vierten Theil seines Umfangs von reinem weichen Fluß- oder noch besser Regenwasser zusammen, läßt solches hierauf zum zweytenmal auspressen, um so die noch rückständigen Schleim- und Zuckertheile zu gewinnen.

### §. 447.

Man mengt hierauf beyde Arten des Saftes wohl untereinander, man erwärmt den gemengten Saft auf eine

Temperatur von 25 Grad Reaumür, setzt ihm dann den dreyßigsten Theil seines Umfanges guter Bierhefe zu, füllet das Gemenge auf Gährungsfässer, und läßt nun die Weingährung der Masse unter den gewöhnlichen Umständen vor sich gehen. Ist die Weingährung vollendet, und hat der weingahre Carottensaft sich geklärt, so ziehet man denselben auf andre Fässer ab.

§. 448.

Schon der weingahre Carottensaft, den man auf diesem Wege gewinnt, verdient einige Rücksicht. Jenes weinartige Fluidum hat ziemlich viel Geist und einen nicht unangenehmen Geschmack. Es würde vielleicht bloß erforderlich seyn, ihm vor der Fermentation einen Zusatz von Hopfenabsud zu geben, um solches als ein haltbares Getränk gebrauchen zu können.

§. 449.

Soll aber der weingahre Carottensaft in Essig umgeändert werden, dann wird derselbe ganz nach eben der Art, mit denselben säuernden Fermenten und auch in demselben quantitativen Verhältniß versetzt, in der Säurungsstube behandelt, wie solches bey der Zubereitung des Runkelrübenessigs beschrieben worden ist: wobey die eine oder die andre der dort angegebnen Verfahrungsarten benutzt werden kann.

§. 450.

Der Carottenessig, welcher auf diese Art gewonnen wird, ist reich an Säure und von einem angenehmen Geschmack, so daß derselbe zum Gebrauch in der Küche mit Nutzen angewendet werden kann. Da zur Anfertigung dieses Essigs selbst die kleinern Carotten gebraucht werden können, welche nicht mehr genossen werden, und das nach dem Auspressen übrig bleibende Mark als Viehfutter benutzt werden kann, so verdienet diese Fabrikation des Carottenessigs immer berücksichtigt zu werden.

---

# Dritte Abtheilung.

## Fabrikation des Pastinakessigs und des Zuckerwurzelessigs.

### §. 451.

Zu den anderweitigen Wurzelgewächsen, aus welchen, vermöge ihrer schleimigen und zuckerreichen Grundmischung, ein guter Essig fabricirt werden kann, gehören auch noch die Pastinakwurzeln und die Zuckerwurzeln. Jene Essige, wovon ich den einen Pastinakessig und den zweyten Zuckerwurzelessig nennen will, zeichnen sich durch eine scharfe Säure, so wie durch einen angenehmen aromatischen Geruch und Geschmack aus: sie sind also einzig und allein zur Zubereitung der Speisen bestimmt.

### §. 452.

Um die Fabrikation dieser Essige zu veranstalten, zermalmt man erst die frischen Wurzeln zu einem Brey. Man übergießt denselben hierauf mit eben so viel siedendheißem Fluß- oder Regenwasser, als ihr eigenes Gewicht beträgt. Man rührt alles wohl untereinander und läßt das Gemenge erkalten. Man presset sodann den Saft davon aus, vermengt ihn mit dem dreyßigsten Theil seines Umfangs von guter Weißbierhefe in einem Fasse das davon voll wird, und unterwirft das Ganze der Weingährung.

§. 453.

Ist die Weingährung des Saftes vollendet, so wird derselbe von dem Gährungsfasse auf ein Säurungsfaß abgezogen, darin mit dem zwanzigsten Theil Weinessig und dem zwanzigsten Theil reinen guten Brandwein gemengt und hierauf bey der gehörigen Temperatur von 18 bis 20 Grad Reaumür die vorgehende Essiggährung abgewartet: worauf der gebildete Essig, nachdem er sich geklärt hat, auf andere Gefäße abgezogen und in einem kühlen Keller aufbewahrt wird.

§. 454.

Als Delicatesse betrachtet, kann man nach einer gleichen Methode auch aus den frischen Selleriewurzeln, so wie aus den Petersilienwurzeln sehr schöne Essige fabriciren, die ganz den eigenthümlichen aromatischen Geschmack und Geruch jener Wurzeln beybehalten, und daher zum Gebrauch in der Küche ganz vorzüglich geschickt sind.

§. 455.

Es darf in der That Niemanden auffallend seyn, daß ich hier verschiedene Wurzelgewächse zur Fabrikation brauchbarer und zum Theil sehr delikater Essige empfohlen habe; man darf sich vielmehr darüber wundern, daß jene Wurzelgewächse nicht schon früher zu diesem Behuf empfohlen und angewendet worden sind, da sie alle diejenigen Bestandtheile in sich vereinigt enthalten, welche ihnen zur Bildung des Essigs eine ganz vorzügliche Brauchbarkeit ertheilen.

# Zehnter Abschnitt.

## Von der Fabrikation des Ahornessigs und des Birkenessigs.

## Erste Abtheilung.

### Fabrikation des Ahornessigs.

§. 456.

Es ist eine allgemein bekannte Erfahrung, daß der wahre Zuckerahornbaum, so wie jede andere Art des Ahornbaumes, wenn man diese Bäume im Monat Januar oder Februar bey hellen heitern Tagen, an welchen so viel wie möglich die Sonne scheint, vorzüglich an der mittägig gelegenen Seite anbohrt, einen Saft ausschwitzen, der farbenlos und geruchlos, vom Geschmacke hingegen einer schwachen Auflösung vom reinen Zucker gleich ist; und wenn er abgedunstet wird, einen rein schmeckenden Syrup darbietet, der beym fernern langsamen Austrocknen, den schönsten Zucker darstellt.

§. 457.

Im nördlichen Amerika wendet man schon lange den Saft der Ahornbäume an, um einen sehr brauchbaren Zucker im Großen daraus zu bereiten, der dem feinsten Rohrzucker gleich kommt; und ich habe von einem Zeitraum von zehn Jahren Gelegenheit gehabt, auf höchsten Befehl mehrere Versuche darüber anzustellen, ob man mit einem gleich günstigen Erfolg aus den bey uns so häufig wachsenden Ahornbäumen, einen brauchbaren Zucker darstellen kann.

§. 458.

Die Resultate meiner Arbeiten werde ich zu einer andern Zeit beschreiben, hier bemerke ich bloß im Vorbeygehen, daß ich den Saft von siebenzehn verschiedenen Arten des Ahornbaumes untersucht, ich gefunden habe, daß der Saft von jeder Art einen brauchbaren Zucker zu liefern vermögend ist; und daß die Quantität des Zuckers für ein Berliner Quart jenes Saftes zwischen zehn Quentchen und sechs Quentchen differirt. Jetzt begnüge ich mich, die Verfahrungsart zu beschreiben, wie man den Ahornsaft zur Fabrikation eines sehr starken brauchbaren Essigs verarbeiten kann.

§. 459.

Man bohrt die Ahornbäume, jedoch nur diejenigen, die nicht unter acht Zoll Durchmesser halten, mit einem gewöhnlichen Hohlbohrer von 4 bis 5 Linien Durchmesser an der mittägigen Seite so an, daß eine einen Zoll tiefe Oeffnung entsteht. Man verstopfe diese Oeffnung mit einem Stücke ausgehöhltem Hollunderholz, so daß das Holz nur höchstens ein Paar Linien tief in die Oeffnung des Baums hineinreicht. Man setze einen Topf darunter, und der Saft wird nun Tropfenweise in den Topf herabfallen.

§. 460.

So lange nicht heftiger Frost eintritt, dauert das Auströpfeln des Saftes Tag und Nacht fort, selbst bey mäßigem Froste. Am stärksten ist es aber zu der Zeit, wo die Sonne einwirkt. Während einen Zeitraum von 3 bis 4 auch wohl 5 Tagen, nach welchem das Auströpfeln nachläßt, gewinnt man aus einem Baume, nach der Verschiedenheit seines Durchmessers, zwischen zwey bis funfzehn, ja zuweilen bis an zwanzig Quart Saft: worauf, wenn der Baum nicht mehr fließt, die Oeffnung mit etwas Lehm verstopft wird, da solche denn sehr bald vernarbt, ohne daß der Baum dadurch leidet.

§. 461.

Jener Saft ist farbenlos und von einem mildsüßen angenehmen Geschmack. Man sammlet ihn den Tag über in ein Faß, und verdampft ihn denn in einem Kessel so weit, bis das (§. 393.) beschriebne Saccharometer in der abgekühlten Flüssigkeit 4 Procent Zuckergehalt anzeigt, wozu derselbe noch nicht um die Hälfte abgedunstet zu werden braucht; welches Verdampfen aber nothwendig ist, um die überflüssige Wäßrigkeit zu verjagen.

§. 462.

Jetzt stellt nun jener Saft eine schwache Auflösung von sehr reinem Zucker dar. Um solche in Essig überzuführen, füllet man selbigen auf ein mit Essig gut vorbereitetes Mutterfaß, und unterhält dieses ununterbrochen so lange in der gehörigen Temperatur, bis der Saft vollkommen in den Zustand des Essigs übergegangen ist: welches in einem Zeitraum von 5 bis 6 Wochen erfolgt.

§. 463.

Auf diese Art gewinnt man einen Ahornzuckeressig von vorzüglicher Reinheit und Stärke, der zu den feinsten Arten des Essigs gerechnet werden muß. Wer in der Nähe von Wäldern wohnt, die viele Ahornbäume aufzuweisen haben, der kann das Leseholz zum Abdunsten des Saftes verwenden, und gewinnt auf diesem Wege einen Essig von der vorzüglichsten Art, ganz ohne viele Kosten und Umstände.

---

## Zweyte Abtheilung.

### Fabrikation des Birkenessigs.

§. 464.

Es giebt wenig Menschen, welchen nicht die Methode bekannt seyn sollte, die schwarzen und weißen Birkenbäume im Frühjahr zu zapfen, und den davon gewonnenen Saft in Verbindung mit etwas Zucker, allenfalls auch Wein und Citronenscheiben, in die weinige Fermentation gehen zu lassen, um sich dadurch einen Birkenwein zu bereiten, der mit dem Champagnerwein einige Aehnlichkeit hat; und es ist zu erwarten, daß bey der Anwendung des Ahornsaftes statt des Birkensaftes man ein noch stärkeres Getränk solcher Art erhalten wird.

§. 465.

Das Abzapfen der Birkenbäume wird ganz in derselben Art veranstaltet, wie solches bey den Ahornbäumen beschrieben worden ist. Aber der Birkensaft quillt in weit geringerer Menge hervor, und ist auch weniger angenehm von Geschmack, als der Ahornsaft. Wird selbiger eingedikt, so erhält man einen braunen Syrup, der mehr der aufgelösten Manna als dem Zuckersyrup ähnlich, und nicht kristallösbar ist. Uebrigens findet man von der festen Substanz in jenem Birkensafte beym völligen Austrocknen gleichfalls anderthalb bis zwey Loth in jedem Quart.

§. 466.

Soll derselbe auf Birkenessig verarbeitet werden, so operirt man eben so damit, wie solches beym Ahornsafte beschrieben worden ist. Man verdunstet ihn so weit, bis daß der Saccharometer 4 Procent festen Gehalt darin angiebt. Man bringt ihn dann auf Säurungsfässer und läßt ihn bey der gehörigen Temperatur in die Essiggährung übergehen, welche in sechs bis acht Wochen beendigt zu seyn pflegt.

§. 467.

Auf diese Art gewinnt man einen brauchbaren Birkenessig, der zwar reichhaltig an Säure, aber von einem weit weniger angenehmen Geschmack als der Ahornessig ist, und jenem daher weit nachgesetzt werden muß. Da aber dieser Essig in Gegenden, die reich an Birkenwäldern sind, gleichsam zufällig und ohne Aufwand besonderer Kosten fabricirt werden kann, so bleibt es immer der Mühe werth, unter oben gedachten Umständen auf dessen Fabrikation zu reflektiren.

# Eilfter Abschnitt.

## Von der Fabrikation des Milchessigs.

§. 468.

Die Milch der Kühe so wie anderer milchenden Thiere, ist ein gemengtes Fluidum; ihre Gemengtheile sind Butter, Käse, Milchzucker und Wasser. Wird solche mit Zusatz eines säuerlichen Mittels, z. B. Weinstein oder Citronensaft zum Kochen erhitzt, so scheiden sich Butter und Käse in Verbindung ab, der Milchzucker bleibt aber in der Wäßrigkeit gelöst, und stellt in diesem gelösten Zustande die Molke dar, die nun bei einer Temperatur von 18 bis 20 Grad Reaumür, ohne weitern Zusatz, leicht in eine weinige und dann in eine saure Fermentation übergehet, und hierauf die Beschaffenheit eines schwachen Essigs annimmt.

§. 469.

Was hier der Weinstein oder der Citronensaft bewirken, wenn solche der siedenden Milch beygemengt werden, nehmlich daß sie solche verdicken und zerlegen, das erfolgt auch ohne diese Zusätze, wenn die Milch bey einer Temperatur von 18 bis 20 Grad sich selbst überlassen wird. Hiebey saugt der darin gelöste Milchzucker nach und nach Sauerstoff aus dem Dunstkreise an, und wird in Essigartige Säure umgeändert, die nun den käsigen

Theil der Milch zum gerinnen bringt, wogegen der butterartige Theil, in Vermengung von etwas noch unveränderter Milch, sich auf der Oberfläche absondert, und den Rahm oder die Sahne bildet: wogegen nun nach dem Abnehmen des Erstern, und nach geschehenem Auspressen des käsigen Theils, die Molke in einem schwach gesäuerten Zustande zurück bleibt.

§. 470.

Große Oekonomieanstalten, die einen bedeutenden Viehstand halten, gewinnen jährlich eine ungeheure Quantität einer solchen sauren Molke, die gemeiniglich weggeworfen, oder den Schweinen verfuttert wird. Sie enthält aber für jene wenig nährenden Stoff, und kann mit einem einträglichern Erfolg, auf Essig benutzt werden.

§. 471.

Es halte zum Beyspiel eine solche Oekonomieanstalt einen Viehstand von 100 Stück milchenden Kühen. Man nehme an, daß, den Stillstand der Kühe vor und nach dem Kalben eingerechnet, jedes Haupt täglich nur 4 Berliner Quart Milch liefert, so beträgt dieses für ein volles Jahr, zu 365 Tagen, 146000 Quart. Rechnet man hievon ab, für Käse und Sahne den dritten Theil, so bleiben an Molke übrig $97333\frac{1}{3}$ Quart. Diese können liefern an einem völlig brauchbaren Essig 32444 Quart, oder $180\frac{1}{4}$ Oxhoft, welches, den Oxhoft zu 6 Thaler angeschlagen, eine Einnahme von 1081 Thaler und 12 Groschen veranlasset; eine bedeutende Summe, die, wenn die Molke den Schweinen verfüttert wird, keineswegs herauskommt.

## §. 472.

Um diesen Milchessig zu fabriciren, wird folgendermaßen operirt. Wenn die Molke durchs Auspressen vom käsigen Theil der Milch abgesondert worden ist, läßt man selbige in einem kupfernen oder noch besser verzinneten Kessel, so lange einkochen, bis der dritte Theil verdunstet ist. Man füllet hierauf die Molke noch siedend heiß aus dem Kessel heraus in einen hölzernen Bottich, läßt solche hiebey durch doppelten Flanell laufen, um die noch darin schwebenden käsigen Theile abzusondern, und dann bis auf 25 Grad Reaumür abkühlen.

## § 473.

Ist dieses geschehen, so setzt man der Molke so viel gewöhnlichen Getraidebrandwein zu, daß für jeden Oxhoft derselben 5 Quart zu stehen kommen, und rührt alles mit einem hölzernen Stabe recht wohl untereinander. Mit dieser Flüssigkeit werden nun die Mutterfässer gefüllet, und solche, in Ermangelung einer besonders dazu vorgerichteten Gährungsstube, an einem andern warmen Orte, z. B. in der Nähe einer Malzdarre placirt, indem die Spundöffnungen derselben unverschlossen bleiben, und nach einem Zeitraum von 6 bis 8 Wochen, zuweilen auch erst in 12 Wochen, finden sich diese Fässer mit den besten Essig angefüllet.

## §. 474.

Ist der Essig gebildet, so werden die Fässer verspundet und auf einem Lager ruhig aufbewahrt, damit der Essig sich klaren kann, worauf derselbe auf andre Fässer abgezogen wird. Er stellt in diesem Zustande den verlangten Milchessig dar. Derselbe ist farbenlos, von einem reinen Geruch und Geschmack und bedeutender Schärfe; er kommt dem aus Zucker bereiteten künstlichen Weinessig so nahe, daß er nur schwer davon unterschieden werden kann; und macht daher sowohl für den diätetischen Gebrauch, als für die Fabriken und Manufakturen, welche des Essigs bedürfen, ein sehr zweckmäßiges Produkt aus.

§. 475.

Bey allen jenen guten Eigenschaften, welche der Milchessig besitzt, zeichnet derselbe sich aber auch wieder durch einige andere weniger gute aus. Bey der Zubereitung dieses Essigs ist es nehmlich nicht zu vermeiden, daß nicht eine geringe Portion des käsigen Theils der Milch, mit dem Essig in Verbindung und Auflösung treten sollte. Seiner animalischen Beschaffenheit gemäß, ertheilt aber jener käsige Theil, dem Essig eine Neigung zur Fäulniß und darauf gegründeten Verderbniß. Er kann aus dem Grunde weniger lange aufbewahrt werden, als ein andrer Essig, der aus reinen vegetabilischen Materien zubereitet worden ist. Indessen hält ein solcher Milchessig sich ein bis anderthalb Jahr vollkommen gut, welches hinreichend ist, ihn aufzubewahren und zu versenden; so wie der wohlfeile Preis, zu welchem derselbe fabricirt werden kann, seinen Absatz, vorzüglich für die Kattundruckereyen, sichert.

# Zwölfter Abschnitt.

## Von der Fabrikation des Essigs aus verschiedenen Getraidearten, als Malzessig, Bieressig und Kleyenessig.

§. 476.

Die Getraidearten, als Weitzen, Roggen, Gerste und Hafer, enthalten außer ihrer äußern Hülse, Kraftmehl, Zuckerstoff, Gummi und vegetabilische Colla oder Gluten, welche darin nicht gemischt, sondern bloß gemengt sind. Man kann diese Gemengtheile der Getraidearten aus ihrem Mehl absondern, wenn dasselbe in einen Beutel von weißer Leinewand gebunden, und so lange in reinem Wasser geknetet wird, bis solches beym fortgesetzten Kneten, keine mehlartige Theile mehr daraus auswäscht. Ist die Operation so weit vollendet, so enthält der Beutel eine zähe elastische Substanz von weißgrauer Farbe, welche geschmack- und geruchlos ist, in der Wärme zu einer hornähnlichen Materie austrocknet, an einem feuchten Orte aufbewahrt aber leicht faulet, und nun dieselben Erscheinungen darbietet, wie faulender Käse, faulendes Fleisch oder andre faulende animalische Substanzen; daher auch jener Gluten oder die Colla des Mehls, ganz als eine animalische Substanz angesehen werden muß.

§. 477.

Wenn man hingegen, nachdem das Mehl zu wiederholtenmalen vollkommen ausgewaschen ist, die über dem Bodensatz stehende Flüssigkeit klar abgießt, so findet man das reine Kraftmehl als eine weiße zusammenhängende Materie am Boden des Gefäßes liegen, welches nun im getrockneten Zustande die bekannte Stärke darstellt. Das klare Fluidum hält nun den Gummi- und Zuckerstoff aufgelöst. Wird solches zur Trockene verdunstet, so bleibt eine braune, klebrige, süßschmeckende Substanz zurück. Wird diese mit reinem Alkohol in der Wärme extrahirt, so nimmt dieser den Zuckerstoff daraus in sich, und läßt das reine Gummi in einem farbenlosen Zustande zurück; so können wir auf diesem Wege das Mehl jeder Getraideart in seine Gemeng- oder Bestandtheile zergliedern.

§. 478.

Die letzt genannten Bestandtheile des Mehls, das Kraftmehl, der Zucker und das Gummi sind rein vegetabilischer Beschaffenheit, sie sind sämmtlich in siedendem Wasser vollkommen lösbar und ihre Auflösung ist der Weingährung und der Essiggährung unterworfen: daher sind die Getraidearten geschickt, um Brandwein und um Essig daraus zu bereiten; wenn solche der dazu erforderlichen Vorbereitung und anderweitigen Behandlung unterworfen werden; und dieses ist der zureichende Grund, nach welchem die Getraidearten zur Fabrikation eines Essigs angewendet werden können.

§. 479.

Werden die Getraidearten gemalzt, nemlich werden sie vorher mit Wasser eingequellet, und dann dem Auswachsen der Wurzelfasern unterworfen, ohne daß die Wurzelblätter zum Ausschlagen kommen, so wird der Gluten oder die Colla zur Bildung der Wurzel verwendet, wogegen das Kraftmehl oder die Stärke einen Theil des Wassers zerlegt, Sauerstoff daraus einsaugt, und sich dadurch theils in Zucker theils in Gummi umändert. Daher zeichnet sich das Malz durch einen weniger mehlartigen, dagegen aber mehr süßen zuckerartigen Geschmack aus, die Colla ist verschwunden, warmes Wasser löset daraus Gummi und Zucker auf, und der davon gemachte Aufguß ist mehr zur weinigen und zur sauren Gährung geneigt, als der Aufguß des ungemalzten Getraides.

§. 480.

Endlich ist auch selbst die Kleye vom Weizen und Roggen noch hinreichend mit schleimigen und zuckerartigen Theilen versehen, um, wenn solche mit Wasser extrahirt wird, ein Fluidum darzustellen, welches der Wein- und Essiggährung fähig ist, daher selbst die Kleye der Getraidearten, welche in der Hülse derselben besteht, zur Fabrikation eines brauchbaren Essigs geschickt, der aber freylich demjenigen, welcher aus dem Getraide selbst bereitet worden ist, vorgezogen werden muß.

§. 481.

Die aus den verschiedenen Getraidearten bereiteten Essige, sind unter dem gemeinschaftlichen Namen des Getraideessigs bekannt; sie werden aber auch durch die Benennungen Getraideessig, Malzessig und Kleyenessig unterschieden. Auch selbst das aus den Getraidearten durch die weinige Fermentation bereitete Bier ist der Essiggährung unter-

unterworfen; und hieraus entstehet denn der eigentliche so genannte **Bieressig**, eine Benennung, womit gemeiniglich auch der Getraideessig belegt zu werden pflegt.

§. 482.

Die verschiedenen Arten des **Bieressigs** oder **Getraideessigs** unterscheiden sich von bisher beschriebnen Arten des Essigs, durch ihre differente Grundmischung. Sie enthalten, außer der wahren **Essigsäure**, beständig eine bedeutende Quantität **Schleim** und **Gummi**, wie man durch das Abdunsten derselben beweisen kann, wobey jene Materien als eine dicke, zähe, klebrige Masse zurückbleiben. Eben so enthalten solche auch **Phosphorsäure** in ihrer Mischung, die wahrscheinlich ein Produkt des zerlegten **Glutens** oder der **Colla** ausmacht, welcher, wie die Erfahrung lehrt, den **Phosphor** unter ihren Mischungstheilen enthält. Vermöge jener Grundmischung sind auch die Getraideessige weit eher als die andern der Fäulniß und Verderbniß unterworfen. Nach diesen allgemeinen Bemerkungen schreite ich nun zur Beschreibung ihrer Fabrikation.

---

# Erste Abtheilung.

## Fabrikation des Malzessigs aus Weizenmalz.

§. 483.

Das Malz unterscheidet sich vom ungemalzten Getraide, wie bereits erwähnt worden, dadurch, daß solches vielen Schleim und Zuckerstoff, dagegen aber weniger mehlartiges

Wesen enthält. Nachdem das gemalzte Getraide entweder an der Luft, oder auf einer geheizten Malzdarre getrocknet worden ist, wird solches in Luftmalz und Darrmalz unterschieden. Das Getraide, welches man zu malzen pflegt, bestehet vorzüglich in Weitzen und in Gerste, und beyde werden zur Fabrikation des Essigs angewendet; gemeiniglich bedient man sich derselben aber, um solche mit einander zu vermengen, und sie in diesem gemengten Zustande zu verarbeiten; wobey zur Fabrikation des Essigs das Luftmalz dem Darrmalz in jedem Betracht vorgezogen zu werden verdienet, weil solches einen weniger gefärbten Essig darbietet.

## §. 484.

Gesetzt, man wolle einen Ansatz zu 200 Berliner Quart Malzessig machen, so wird dazu folgendermaßen operirt. Man nimmt $10\frac{2}{3}$ Metzen Weitzenmalz und $5\frac{1}{3}$ Metze Gerstenmalz. Nachdem solche geschrootet worden sind, bringt man das Schroot in eine hölzerne Wanne, und gießt nun 50 Quart Wasser darauf, dessen Temperatur 60 Grad Reaumür nicht übersteigt; oder man kann, wenn man will, auch das Schroot in das Wasser nach und nach einrühren. Man rührt dann das Gemenge mit einer hölzernen Krücke so lange recht wohl untereinander, bis alles Schroot vom Wasser völlig durchdrungen und ein dünner Brey daraus entstanden ist. Man deckt nun die Wanne zu, und läßt die Masse während einem Zeitraum von 10 bis 12 Stunden gut ziehen.

§. 485.

Ist diese Infusion des Malzes beendiget, so schreitet man zur Extraktion desselben. Zu dem Behuf läßt man sich ein hölzernes Faß anfertigen, das ohngefähr 150 Berliner Quart in sich fasset. Es besitzt eine trichterartige Gestalt, so daß sein unterer Durchmesser nur den fünften Theil des obern Durchmessers besitzt. Acht Zoll von seinem untern Boden entfernt, befindet sich ein zweyter mit vielen kleinen Löchern durchbohrter Boden, der aus zwey Hälften bestehen kann, und dem ein hölzernes Kreutz zur Unterlage dienet. Zwischen dem untern und den mittlern durchlöcherten Boden, befindet sich ein hölzerner Zapfen oder ein Hahn placirt; so daß das Ganze mit einem Laugenäscher viel Aehnlichkeit besitzt.

§. 486.

In dieses Extraktionsfaß füllet man nun das mit heißem Wasser angemaischte Malzschroot. Zu dem Behuf wird der durchlöcherte Boden desselben vorher zwey Zoll hoch mit reinem Stroh bedeckt, über dieses ein Stück Flanell ausgebreitet, und nun auf diese die breyartige Masse gebracht, über welche sodann 50 Quart siedend heißes Wasser gegossen worden. Ist dieser Aufguß gemacht, so wird die Oeffnung des Fasses recht gut zugedeckt, und alles anderthalb bis zwey Stunden lang in Ruhe gelassen, damit das heiße Wasser die vorher erweichten lösbaren Theile des Schrootes in sich nehmen kann.

§. 487.

Nach diesem Zeitraum öffnet man den Hahn, und ziehet das Fluidum oder Malzextrakt ab, welches nun eine

Art von Würze darstellt, die klar und durchsichtig, von einem angenehmen Geruch und einem süßen zuckerartigen Geschmack ist. Sie wird unterdessen in einem andern Fasse aufbewahrt. Dagegen gießt man nun auf den Rückstand im Extraktionsfasse abermals 80 Quart siedendes Wasser, läßt solches, nachdem die Oeffnung des Fasses bedeckt ist, anderhalb bis zwey Stunden lang darauf stehen, und ziehet dann das flüssige Extrakt zum zweytenmal ab, welches zum Ersten gegossen wird. Nun übergießt man die rückständigen Trebern im Extraktionsfasse zum drittenmal mit 50 Quart siedendem Wasser, und ziehet das Fluidum nach einem Zeitraum von zwey Stunden davon ab: da dann die übrigen Trebern in einem völlig extrahirten und geschmacklosen Zustande übrig bleiben. Auch das Produkt der dritten Extraktion wird nun zum Ersten hinzu gegossen.

§. 488.

Das erhaltene Extrakt, welches zusammengenommen ohngefähr 245 Quart beträgt, läßt man nun so weit erkalten, bis dessen Temperatur 30 Grad Reaumür beträgt. Sollte dasselbe eine niedrigere Temperatur angenommen haben, so muß man einen Theil desselben herausnehmen, in einem Kessel erhitzen und dann das übrige Extrakt damit anwärmen, um die verlangte Temperatur zu produciren.

§. 489.

Nun werden jenem Extrakt 10 Quart gute Bierhefe zugesetzt, alles wohl unter einander gerührt, das Gefäß zugedeckt und in einer Gährungsstube bey der Temperatur von 20 Grad Reaumür erhalten. Hier gehet nun die Weingährung der Masse vor. Es entwickelt sich kohlenstoffsaures Gas; es erzeugt sich ein dicker Schleim auf der gährenden Flüssigkeit, und nach einen Zeitraum von 10 bis 12 Stunden, lassen diese Erscheinungen nach, der Schaum setzt sich und die Fermentation ist nun beendiget.

§. 490.

Nun wird der auf der Oberfläche befindliche Schaum behutsam abgenommen, und das gegohrne Fluidum mittelst einem am Gährungsbottich angebrachten Hahn, von der darunter befindlichen Hefe so klar wie möglich abgezogen und in ein andres Faß gebracht; um demselben das saure oder Essigferment zu ertheilen. Zu dem Behuf werden 8 Pfund recht guter Sauerteig mit 8 Pfund gutem scharfen Essig angeknetet, daß ein dünner Brey daraus entsteht. Dieser wird hierauf mit einigen Quart des gegohrnen Fluidums noch mehr verdünnet, so daß eine dünne schlammige Brühe daraus entsteht, diese durch grobe Leinwand gedrückt, und hierauf mit der ganzen Masse der gegohrnen Flüssigkeit recht gut untereinander gearbeitet. *)

§. 491.

Nun wird das gemengte Fluidum auf mit Essig durchdrungne Mutterfässer gefüllet, und diese in der Gährungs-

*) An der Stelle des mit Essig angekneteten Sauerteigs, können auch mit scharfem Essig durchzogenes Brod; mit Essig angefeuchtete Rosinen oder Rosinenstiele; so wie auch ein Gemenge von Essig und Honig, als saure Fermente angewendet werden. Den allerstärksten Essig gewinnt man aber, wenn dem Gute vor der sauren Gährung etwas Brandwein zugesetzt wird.

stube bey der Temperatur von 18 bis 20 Grad Reaumür so lange erhalten, bis der Essig gebildet ist. Der Uebergang in Essig erfolgt gemeiniglich in einem Zeitraum von 3 bis 4 Wochen, zuweilen auch erst nach einem längern Zeitraum. Man läßt nun den gebildeten Essig sich klären, und ziehet ihn am besten mittelst dem Heber auf andre Fässer ab. Man gewinnt auf diesem Wege aus einem Scheffel des gemengten Malzschrootes wenigstens 200 Quart fertigen Malzessig, der klar und durchsichtig, von einer weingelben Farbe ist, und eine sehr bedeutende Säure besitzt.

## §. 492.

Soll ein schwächerer Malzessig verfertiget werden, so ist es hinreichend, dieselbe Quantität Malzschroot mit einer größern Quantität Wasser zu behandeln; alle übrigen Zusätze bleiben indessen ganz dieselben. Man hat es also in seiner Gewalt, den Essig stärker und schwächer zu machen, je nachdem die Extraktion des Malzschrootes mit mehr oder weniger Wasser veranstaltet wird. Der nach der eben beschriebenen Verfahrungsart gewonnene Malzessig ist indessen von vorzüglicher Güte, und man würde nur den Gang der Operationen und ihrer Erfolge unsicher machen, wenn man weniger Wasser zur Extraktion des Schrootes anwenden wollte, als ich angegeben habe.

## §. 493.

Ist der klare Essig abgezogen, so bringt man die trüben Rückstände zusammen auf ein gemeinschaftliches Faß. Man kann diesen trüben Essig aufbewahren, und ihn bey einer neuen Ansetzung an die Stelle des mit Essig geriebnen Sauerteigs, als saures Ferment gebrauchen. Nur muß der zähe klebrige Schaum, welcher sich während der Essiggährung zum Theil aussondert, und welcher aus noch rückständigen Theilen des Glutens oder der Colla gebildet wird, die beym Malzen des Getraides nicht zerstört worden sind, zurück gelassen werden; weil derselbe sich mit der Zeit im fertigen Essig auflösen, und ihn zur faulen Gährung disponiren würde.

§. 494.

Indem ich hier einen Ansatz zu 200 Berliner Quart Malzessig beschrieben habe, ist es bloß meine Absicht gewesen, die Quantitätsverhältnisse des Malzes, des Wassers, der Hefe und des sauern Ferments, so wie alle dabey erforderlichen Operationen und Manipulationen, genau zu entwickeln. Uebrigens ist es einleuchtend, daß man nach eben diesen Verhältnissen gleich eine vier bis sechsmal größere Quantität mit einemmal ansetzen kann, je nachdem der dazu bestimmte Arbeitsraum hinreichend groß ist, und ein größerer Bedarf an Essig erfordert wird.

§. 495.

Um die Weingährung in der extrahirten Flüssigkeit zu veranlassen, gebraucht man Hefe; und dieses scheint die Fabrikation des Essigs zu vertheuern. Jenes ist aber in der That nur scheinbar; denn einerseits gewinnt man, wenn die Fabrikation nur einmal in einen regelmäßigen Gang gesetzt ist, den nöthigen Bedarf der Hefe ganz zufällig, da dieselbe bey jeder in der Weingährung befindlichen Masse abfällt; andrerseits kann man sich den erforderlichen Bedarf an Hefe auf einem wohlfeilen Wege auch selbst anfertigen, den ich sogleich beschreiben werde.

§. 496.

Um auf einem wohlfeilen Wege eine brauchbare Hefe darzustellen, operit man folgendermaßen. Sechzehn Pfund gut getrocknetes und frisch geschrootenes Luftmalz von Weitzen, rührt man mit 12 Berliner Quart reinem Flußwasser, noch besser Regenwasser, an, und kochet dieses Gemenge unter beständigem Umrühren so lange, bis zwey Quart von der Flüssigkeit verdunstet sind. Nun werden vier gute Hände voll guter gepreßter Traubenhopfen in einem bedeckten Kessel mit vier Quart reinem Wasser so lange im gelinden Sieden erhalten, bis eine herausgenommene Probe des Hopfens durch Geschmack und Geruch zu erkennen giebt, daß alle extrahirbare Theile desselben durch das Wasser hinweggenommen worden sind. Man läßt hierauf den Malzabsud durch ein Stück grobe Leinwand laufen; das Durchgelaufene beträgt ohngefähr sechs Quart. Nun gießt man auch den Hopfenabsud durch das Tuch, welcher ohngefähr ein Quart betragen wird. Man bringt hierauf beyde Flüssigkeiten untereinander, läßt das Gemenge bis auf 30 Grad Reaumür erkalten, setzt ein halb Quart gute Bierhefe hinzu, mengt alles wohl untereinander, und läßt nun das Ganze an einem mäßig warmen Orte in Fermentation gehen. Ist die Fermentation beendigt, so nimmt man die Oberhefe ab, ziehet das dazwischen liegende Bier, welches kaum ein Quart beträgt, von der Unterhefe ab, mischt nun die obere und die untere Hefe wohl unter einander, und verwahrt diese gemengte Hefe zum Gebrauch. Auf diese Art gewinnt man eine sehr brauchbare Hefe. Das rückständige Malz kann aber noch auf Essig benutzt werden, da solches noch viele schleimige und Zuckertheile zurück behalten hat.

## §. 497.

Nach der eben beschriebnen Verfahrungsart gewinnt man einen sehr schönen und starken Getraideessig. Viele Essigbrauer wenden dazu halb Luftmalz und halb Darrmalz an, weil sie glauben, daß denn die Erfolge noch besser sind. Sie erhalten aber dadurch einen mehr dunkeln und braunen Essig, wogegen der aus bloßem Luftmalz bereitete mehr die Beschaffenheit des Weinessigs besitzt. Die Essigbrauer verrichten die saure Fermentation gemeiniglich in einem Drehbottich, in welchem die fermentirende Masse von Zeit zu Zeit durch einen darin angebrachten Quirl in Bewegung gesetzt wird. Sie erreichen dadurch aber weiter nichts, als daß der Essig mit der sich daraus ausscheidenden pechartigen Hefe eine neue Verbindung eingehet, davon getrübt wird, und leicht zur Fäulniß disponirt ist. Man kann jene umständliche Verfahrungsart vollkommen entbehren, wenn man die von mir beschriebne Methode genau befolgt, man gehet dabey sicher, und erhält einen guten starken und klaren Essig. Will man das Gerstenmalz dabey ganz weglassen, und reines Weitzenmalz in dem vorher angegebnem Verhältniß anwenden, dann wird der erhaltene Essig noch schöner, klärer und reichhaltiger an Säure.

# Zweite Abtheilung.

## Fabrikation des Malzessigs aus Gerstenmalz und Hafermalz.

### §. 498.

Ganz nach derselben Art, wie der Essig aus dem Weizenmalz fabricirt wird, kann derselbe auch aus dem reinen Gerstenmalz zubereitet werden. Man kann auch dieses in Form des Luftmalzes oder des Darrmalzes benutzen, besser ist aber das Erstere, wenn man einen farbenlosen Essig gewinnen will. Das Gerstenmalz wird zu dem Behuf gleichfalls geschrootet, das Schroot in dem beym Weizenmalz beschriebnen Verhältniß erst mit heißem Wasser angebrühet, hierauf aber mit siedendem Wasser extrahirt, und das davon gewonnene flüssige Extrakt, erst in die Weingährung, hierauf aber in die Essiggährung übergeführt. Der auf diesem Wege gewonnene Essig ist gleichfalls sehr gut und brauchbar; er muß aber in der Reichhaltigkeit an Säure, wenn das Gerstenmalz in eben dem Verhältniß wie das Weizenmalz gegen die Wäßrigkeit angewendet worden ist, weit nachstehen.

### §. 499.

So kann nun endlich auch aus dem gemalzten Hafer ein guter Essig fabricirt werden, wenn das Hafermalz im geschrooteten Zustande, ganz nach derselben Art, wie das Weizenmalz oder das Gerstenmalz bearbeitet wird: aber der Haferessig stehet wieder in seiner Reichhaltigkeit an Säure dem Gerstenessig nach; und macht also die schwächste Sorte der so eben beschriebnen Arten des Getraideessigs aus; wovon der zureichende Grund allein in dem geringern Gehalt an Zucker- und Schleimtheilen zu finden ist, wodurch sich das Hafermalz vom Gerstenmalz und dem Weizenmalz unterscheidet.

---

# Dritte Abtheilung.

## Fabrikation des Essigs aus Kleye.

### §. 500.

Die Kleye vom Weizen und vom Roggen bestehet in der braungelben zähen Haut oder Hülse, womit das mehlige Korn äußerlich überzogen ist, und welche von dem Mahlen zu Mehl zuerst davon abgesondert wird. Der schleimigsüße Geschmack der Kleye, vorzüglich der Weizenkleye, beweißt hinreichend, daß solche noch viele lösbare Theile enthält, welche geeignet sind, sowohl die Weingährung als die Essiggährung einzugehen. Aus dem Grunde kann daher auch die Kleye, und die Weizenkleye insbesondere, angewendet werden, um einen Essig daraus zu verfertigen, der freylich dem aus dem geschrooteten Malz nachgesetzt werden muß, bey alledem aber, zu gar mannichfaltigem Behuf brauchbar ist.

### §. 501.

Um 200 Quart Kleyenessig mit einemmal anzustellen, sind zwey und ein halber Scheffel Weizenkleye, oder an deren Stelle auch Roggenkleye, erforderlich. Man brühet solche in einem Kessel mit 50 Quart mäßig heißem

Wasser an, setzt hierauf noch 80 Quart zu, und läßt das Ganze unter öfterm Umrühren so lange sieden, bis 30 Quart Flüssigkeit verdunstet sind. Man bringt die gekochte Masse nun in das Extraktionsfaß, nachdem dessen durchlöcherter Boden vorher mit Stroh und Flanell bedeckt ist, und ziehet so die klare Brühe allmählig ab. Man übergießt den Rückstand aufs neue mit 100 Quart siedendem Wasser, läßt solches hindurch ziehen; worauf denn noch 60 Quart siedendes Wasser darauf gegossen werden.

§. 502.

Ist diese Extraktion beendigt, so wird die erhaltene Brühe, nachdem selbige vorher bis auf 30 Grad Temperatur abgekühlt ist, mit 10 Quart Hefe vermengt, und nun bei der erforderlichen Temperatur die Weingährung derselben abgewartet, welche unter denselben Erscheinungen wie bey dem Malzextrakt vor sich gehet.

§. 503.

Ist die Weingährung der Flüssigkeit beendigt, so wird sie abgezogen, mit dem sauren Ferment vermengt, in die Mutterfässer gefüllet, und nun bey der gehörigen Temperatur von 18 bis 20 Grad Reaumür, die saure Gährung abgewartet, worauf der fertige Essig, nachdem er sich geklärt hat, auf andre Fässer zum Gebrauch abgezogen wird. Dieser Kleyenessig ist von einer angenehmen mäßig starken Säure, er bekömmt aber nie den Zustand der Klarheit, welchen der Malzessig besitzt, sondern bleibt immer mit schleimigen Theilen verbunden. Er ist aus dem Grunde auch leicht der Verderbniß unterworfen, und muß aus dem Grunde bald weggebraucht werden.

# Vierte Abtheilung.

## Fabrikation des Essigs aus Bier. Bieressig.

### §. 504.

Das Bier ist wie bekannt ein Produkt des weingahren Malzextraktes, dem vor der Fermentation ein Aufguß von Hopfen zugesetzt worden ist. Weißbier und Braunbier unterscheiden sich bloß dadurch von einander, daß das Erstere aus Luftmalz das Zweyte hingegen aus Darrmalz gebrauet worden ist. Das Bier enthält stets eine bald größere bald geringere Quantität kohlenstoffsaures Gas eingemengt, welches ihm den stechendsäuerlichen Geschmack, und die moussirende Eigenschaft ertheilt. Wird hingegen das Bier in einem nicht verspundeten Fasse, bey einer Temperatur von 18 bis 20 Grad Reaumür aufbewahrt, so gehet das kohlenstoffsaure Gas daraus hinweg, das übrige Fluidum saugt Sauerstoff aus dem Dunstkreise ein, und wird dadurch in den Zustund des Essigs übergeführt, der in diesem Zustande den Bieressig darstellt.

### §. 505.

Da indessen das Bier eine künstlichere Operation zu seiner Darstellung erfordert, als das bloße Malzextrakt, da solches wegen dem Zusatz des Hopfens theurer ist als Jenes, so würde es Zweckwidrig seyn, einen solchen Essig absichtlich aus fertigem Bier zu fabriciren; obschon derjenige Essig, welchen man nach den vorher beschriebnen Methoden aus Getraidemalz verfertigt, im Handel Bieressig genannt wird. Will man aber den Uebergang des Biers in den Zustand des Essigs beschleunigen, so muß man denselben eines oder das andere derjenigen sauern Fermente beymengen, welche beym Malzessig näher angegeben worden sind.

§. 506.

Wenn es indessen einerseits nichts weniger als ökonomisch seyn würde, wirkliches Bier zu brauen, oder solches vom Bierbrauer anzukaufen, um Essig daraus zu fabriciren, so kann die Fabrikation andrerseits doch sehr nützlich werden, wenn man das verdorbne oder säuerlich gewordene Bier, oder die nicht mehr trinkbaren Rückstände des Biers dazu anwendet, welche in den bürgerlichen Haushaltungen übrig bleiben, und sonst wohl unbenutzt weggeworfen werden. Jene Rückstände lassen sich ganz bequem sammlen, wenn sie in ein dazu bestimmtes Faß täglich zusammengegossen werden, und das Faß wohl zugespundet erhalten wird. Wenn man die Schenkwirthe in bedeutenden Städten und auf dem Lande dabey zu Hülfe nimmt, so muß die Masse von dergleichen Bierabgängen ganz bedeutend seyn, die jährlich gesammlet werden kann; und dann wird es sich allerdings der Mühe lohnen, eine regelmäßige Fabrikation des Bieressigs darauf zu gründen, die einen ersprießlichen Erwerbszweig darbieten kann.

§. 507.

In einem solchen Fall ist es hinreichend, jeden 100 Quart eines solchen aufgesammleten Biers, 5 Pfund Sauerteig beyzumengen, der vorher mit 5 Pfund gutem scharfen Essig zu einer schlammigen Brühe angerieben worden ist, und nun das gemengte Fluidum in gewöhnlichen Mutterfässern (§. 214.), und bey der erforderlichen Temperatur, der sauren Fermentation zu unterwerfen, den fertigen Essig auf andre Fässer abzuziehen, und solchen dann zum Gebrauch aufzubewahren. Ohne Nachtheil für den Erfolg, kann hiezu Weißbier und Braunbier untereinander gemengt werden: der daraus erhaltene Essig wird immer gut und brauchbar erscheinen.

# Dreyzehnter Abschnitt.

## Von den Mitteln, die saure Fermentation der weingahren Flüssigkeiten zu beschleunigen.

§. 508.

Es ist bereits früher erwähnt worden, daß die sauren Fermente, oder die Essigfermente, weniger dazu geeignet sind, die weingahren Flüssigkeiten in den Zustand des Essigs überzuführen, als daß sie vielmehr nur die Dispositionsmittel ausmachen, welche die Einsaugung des Sauerstoffs aus dem Dunstkreise begünstigen und beschleunigen, worauf der Uebergang in den Zustand des Essigs ganz vorzüglich gegründet ist.

§. 509.

Aus dem Grunde ist es daher auch einleuchtend, daß alle diejenigen Mittel, welche geschickt sind, die Masse des zuströmenden Sauerstoffes auf die weingahren Flüssigkeiten zu vermehren, die Fähigkeit besitzen, deren Uebergang in Essig zu beschleunigen, weil dann der Sauerstoff aus dem Dunstkreise in einer größern Quantität, und mit größerer Schnelligkeit eingesaugt wird. Nichts ist aber geneigter, dieses schnellere Einsaugen des Sauerstoffes mehr zu begünstigen, als eine größere Oberfläche, welche der weingahren Flüssigkeit gegen die darauf wirkende atmosphärische Luft gegeben wird.

§. 510.

§. 510.

Viele Essigfabriken suchen diesen Zweck dadurch zu erreichen, daß sie die zum Essig bestimmten Flüssigkeiten, nachdem solche die Weingährung überstanden haben, in kleinere Fässer vertheilt, die in der geheitzten Gährungsstube übereinander geschichtet werden. Einige Essigfabriken wählen hiezu Fässer von 15, andre von 20, noch andre aber von 30 Quart innern Gehalt, mit ziemlich weiten Spundöffnungen; die aber vor dem Gebrauch eben so mit Essigdunst zubereitet werden müssen, wie solches bey der Zubereitung der Mutterfässer bereits gelehrt worden ist.

§. 511.

Die Anwendung solcher kleinen Mutterfässer, um die Essiggährung dadurch zu beschleunigen, gewährt ihre Vortheile, hat aber auch anderseits wieder die Unbequemlichkeit, daß mehr oder weniger Essig dabey verdunstet und beym Ausleeren derselben verschüttet wird. Die Essiggährung erfolgt darin schneller, weil, wenn solche nun bis dreyviertel oder höchstens siebenachtel ihres innern Raums gefüllet sind, die Oberfläche der sich säuernden Flüssigkeit gegen die darauf wirkende Luftmasse viel größer, als bey Fässern ist, die 200 Quart mit einemmal in sich fassen, weil also auch in einer kürzern Zeit, eine größere Quantität Sauerstoff mit einemmal eingesaugt werden kann.

§. 512.

Jene Fabrikationsart ist aber auch wieder mit dem Nachtheil begleitet, daß die kleinen Fässer oft austrocknen und spack werden, vorzüglich in demjenigen obern Raum, der nicht mit Essig gefüllet ist, daher das Ausdunsten und Verschütten des Essigs unvermeidlich bleibt.

§. 513.

Die mit Quirln versehenen Drehfässer, deren man sich in den Bieressigfabriken bedienet, haben gleichfalls den Zweck, die Oberfläche der säuernden Flüssigkeit oft zu erneuern, um sie mit dem Sauerstoffgas der atmosphärischen Luft in Berührung zu setzen. Denn so oft der in der Mitte des Fasses angebrachte Quirl in Bewegung gesetzt wird, werden die untern Theile der Flüssigkeit nach oben geworfen und zur erneuerten Einsaugung des Sauerstoffes prädisponirt, wodurch natürlich die Säuerung möglichst beschleunigt werden muß.

§. 514.

Dergleichen Drehfässer sind in der That für diejenigen Fabriken sehr zu empfehlen, welche nach den verschiedenen in diesem Buche gegebnen Vorschriften, außer dem Getraideessig, andre Arten des Essigs fabriciren wollen; obschon nicht verhütet werden kann, daß die Essige eine trübe Beschaffenheit annehmen und länger auf den Klärungsfässern ruhen müssen, bevor selbige ihren vollkommnen Zustand der Klarheit und Reinheit angenommen haben; daher man dergleichen Essige länger als sonst aufbewahren muß, bevor sie verkauft werden können.

§. 515.

Weniger tauglich sind die Drehfässer für die Fabrikation des Getraideessigs. Während die saure Fermentation desselben vorgehet, sondert sich allemal eine zähe pechartige Substanz auf seiner Oberfläche ab, welche, wie schon erwähnt, aus den jenen Flüssigkeiten noch beygemengten Theilen des Glutens oder der Colla aus dem Getraide abhängig ist. Da indessen jener Gluten mit der Zeit vom Essig angegriffen und aufgelöst wird, so trägt derselbe einerseits dazu bey, die sonst erfolgende Klarheit des Essigs zu vermindern, andrerseits aber ihn zur faulen Gährung zu disponiren, seine Säure abzustumpfen und dessen Verderbniß zu beschleunigen.

## §. 516.

Beyde Nachtheile werden indessen gehoben, wenn man die Säuerung der weingahren Flüssigkeiten nur nach und nach vor sich gehen läßt. Man erreicht diesen Zweck, wenn man, wie im Eingang dieser Schrift oft erwähnt worden ist, die Mutterfässer nur zum Theil mit der gährenden Flüssigkeit anfüllet, und so wie solche sich in Essig umgeändert hat, die übrige weingahre Flüssigkeit nur nach und nach in kleinen Portionen hinzugefüllet wird.

## §. 517.

Eben so wird dieser Zweck erreicht, wenn man von einem Mutterfaß, das fertig gebildeten Essig enthält, den achten oder zehnten Theil desselben abziehet, und nun eben so viel von der weingahren Flüssigkeit nachfüllet, welche denn sehr schnell wieder in Essig umgeändert wird. Auf diese letztere Art gehet die Essiggährung ununterbrochen fort, wenn nur die dazu erforderliche Temperatur der Gährungsstube ununterbrochen dieselbe bleibt, und stets eine erforderliche Quantität der weingahren Flüssigkeit vorhanden ist, um solche zur rechten Zeit nachfüllen zu können.

## §. 518.

Uebrigens darf man nie aus der Acht lassen, daß eine übertriebne Beschleunigung der Essiggährung, dem dadurch producirten Essig, nichts weniger als zuträglich ist; daher man sich auch in Hinsicht der Wärme, oder der Temperatur, welche man der Gährungs- oder Säurungsstube ertheilet, sehr vorsehen muß. Viele Essigfabrikanten glauben, daß eine höhere Temperatur den Uebergang der weingahren Flüssigkeiten in den Essig begünstige, aber sie irren sich. Das Maximum der Temperatur darf billig 20 Grad Reaumür niemals übersteigen, wenn man nicht an der Stelle des Essigs eine faulig riechende und wenig sauer schmeckende Flüssigkeit erhalten will, die leicht der vollendeten Verderbniß unterworfen ist, und niemals die Stelle eines brauchbaren Essigs vertreten kann. Essigfabrikanten, welche jene Erfahrung selbst zu machen Gelegenheit gehabt haben, werden mir, ohne weitere Erinnerung Glauben beymessen. Diejenigen, welche an meiner Behauptung zweifeln, mögen durch die Erfahrung zu ihrem Nachtheil bestraft werden.

# Vierzehnter Abschnitt.

## Von der Art und Weise, wie der fertige Essig aufbewahrt werden muß, um solchen vor der Verderbniß zu schützen.

§. 519.

Wir haben gesehen, daß der Essig, er mag aus der einen oder der andern dazu qualificirten Substanz zubereitet worden seyn, allemal ein Produkt der sauren Gährung ausmacht. Es ist ferner sehr oft bemerkt worden, daß die Art und Weise, wie die saure Fermentation der weingahren Flüssigkeiten geleitet worden ist, auf die Beschaffenhenheit des aus ihnen gewordenen Essigs einen bedeutenden Einfluß hat; und es ist nun noch nöthig, die Mittel zu beschreiben, durch welche der fertige Essig conservirt werden kann und muß, wenn solcher nicht der Verderbniß unterworfen seyn soll: denn es ist hinreichend bekannt, daß auch der beste Essig umschlagen und verderben kann, wenn die nöthigen Behandlungsarten desselben, welche seiner Verderbniß entgegen wirken, versäumt oder nicht beobachtet werden.

§. 520.

Ein ganz vorzüglicher Umstand, von welchen die Conservation abhängig ist, bestehet in seiner vollkommnen

Klarheit. Jeder trübe Essig setzt nach und nach einen Bodensatz ab, welcher aus schleimigen Theilen bestehet, die nicht zu dem Wesen des Essigs gehören, die ihm folglich bloß mechanisch beygemengt waren. Jenen Schleim, welchen der unreine Essig mit der Zeit fallen läßt, wird späterhin wieder von demselben aufgelöst, und er wirkt nun als ein Fäulniß erregendes Ferment für denselben.

§. 521.

Die erste Erscheinung, wodurch die anfangende Fäulniß des Essigs sich ankündiget, ist der sogenannte Kahm, welcher sich auf der Oberfläche des Essigs ansetzt. Er ist ein eignes Produkt einer in demselben vorgehenden Vegetation, und eine genaue Beobachtung desselben, mittelst Vergrößerungsgläsern, lehret sehr deutlich, daß derselbe theils aus überaus kleinen Pflanzen, theils aus kleinen Gewürmen, den sogenannten Essigalen, bestehet. Er vermehrt sich zunehmend, und die Säure des Essigs nimmt im gleichen Verhältniß ab, so wie ein stinkender faulender Geruch des Essigs seinen Anfang nimmt, und der Essig allmählig ganz in eine faulige Flüssigkeit übergeführt wird.

§. 522.

Aus dem Grunde ist es nothwendig, den fertigen Essig nicht anders als vollkommen klar auf den dazu bestimmten Magazinfässern aufzubewahren. Man erreicht diesen Zweck, wenn man den Essig von Zeit zu Zeit auf andre Fässer vollkommen klar überziehet, und Sorge trägt, daß keine trübe und schleimige Theile mit übergegossen werden. Man darf ihn aber nur allein auf solche Fässer füllen, um ihn aufzubewahren, auf welchen schon Essig gelegen hat, oder welche, nach der (§. 214.) beschriebnen Methode, vorbereitet worden sind.

§. 523.

Um aber auch die trüben Rückstände auf den Fässern völlig zu klarificiren, ist es gut, wenn man solche zusammen auf ein gemeinschaftliches Faß füllet, und solches nun, wohl gefüllet und verspundet, an einem kühlen Orte aufbewahrt. Der trübe Essig klärt sich auf diesem Fasse, und kann nun nach und nach vollends klar abgezogen werden.

§. 524.

Einige Essigfabrikanten haben die Gewohnheit, den trüben Essig zu filtriren, indem sie ihn nach und nach durch Spitzbeutel von Filz laufen lassen. Diese Methode ist indessen langweilig, und gewährt den Nachtheil, daß der durchlaufende Essig mit zu viel Luft in Berührung stehet, welche seiner guten Beschaffenheit nachtheilig ist.

§. 525.

Nur der letztere Essig auf einem solchen Fasse, welcher zu dick ist, als daß er sich von selbst abklären sollte, kann filtrit werden, um ihn völlig zu klären, und dann ist ein Spitzbeutel von Filz hiezu am tauglichsten; nur muß der Essig langsam darauf gebracht, und der durchgelaufne in gut verschloßnen Fässern vor der Einwirkung der Luft aufbewahrt werden.

§. 526.

Das zweyte Hauptmittel zur Conservation des Essigs bestehet darin, daß derselbe in gut verschloßnen Fässern vor dem Zutritt der Luft geschützt wird; und daß man die voll=

kommen damit gefülleten und luftdicht verspundeten Fässer an einem kühlen Orte, nemlich in einem trocknen nicht dumpfigen Keller, aufbewahrt. Ist dieses nicht der Fall, sind die Fässer einestheils nicht vollkommen mit Essig angefüllet, befindet sich eine Schicht Luft auf ihrer Oberfläche, oder sind solche nicht vollkommen luftdicht verspundet, dann veranlasset die damit in Berührung stehende Luft einen neuen Effekt der Fermentation, und diese ist die Fäulniß, deren weitere Erfolge bereits (§. 104.) näher entwickelt worden sind.

§. 527.

Sollte der Essig wirklich schon einen Anfang der Zerstörung erlitten haben, welches aus der größern Masse des sich daraus absondernden Kahms erkannt wird, so muß der fernern Entwicklung desselben vorgebeugt werden. Das einzige hiezu bekannte Mittel bestehet darin, daß man einen solchen Essig in einen zinnern Kessel füllet, ihn zum Sieden erhitzt, und solchen ohngefähr 15 Minuten lang im Sieden erhält. Der keimende Stoff wird dadurch getödtet, und der Essig nimmt nun wieder eine gute Beschaffenheit an; er läßt sich nun Jahre lang aufbewahren, ohne zu verderben, daher jene Abkochung eines der besten Conservationsmittel für den Essig darbietet.

§. 528.

So bietet uns auch der Brandwein ein sehr gutes Conservationsmittel für den Essig dar: denn er besitzt einerseits die Eigenschaft schwächere Essige, denen er zugesetzt wird, nach und nach zu verbessern, indem er eine fortwährende saure Fermentation in denselben unterhält; anderntheils insinuirt er sich den sauern Theilen der stärkern Essige, und erzeugt allmählig einen Essigäther, der dem übrigen Essig einen sehr angenehmen balsamischen Geruch und Geschmack mittheilt; wodurch sich die ächten französischen Essige so sehr zu ihrem Vortheil auszeichnen. Es ist hinreichend, wenn man für jedes Quart Essig zwey Loth guten Brandwein anwendet, um ihn dadurch zu conserviren.

§. 529.

Endlich hat man auch das Küchensalz als ein Conservationsmittel für den Essig in Vorschlag gebracht, und dasselbe wird von einigen Essigfabrikanten wirklich zu dem Behuf angewendet. Aus welchem Grunde dasselbe aber als ein Conservationsmittel wirken soll, gehet nicht deutlich hervor. Einige Schriftsteller sind der Meinung, daß solches die wäßrigen Theile des Essigs einsauge und die sauern Theile frey mache, welches aber eine so reichliche Anwendung des Küchensalzes nothwendig machen würde, daß der reine Essiggeschmack dadurch verschwinden müßte. Man muß daher glauben, daß das Küchensalz entweder ein ganz unbedeutendes Mittel zur Conservation des Essigs ausmacht; oder es muß erst noch durch neue besonders dahin abzweckende Versuche ausgemittelt werden, wie dasselbe wirkt, und ob solches wirklich von einem reellen Nutzen ist.

§. 530.

Das sicherste und untrüglichste Mittel zur Conservation des Essigs, von welcher Art derselbe auch seyn mag, bestehet darin, ihn von allem fremdartigen nicht zu seinem Wesen gehörigen Beymischungen vollkommen zu befreyen, und hiezu ist nichts passender als eine Destillation desselben aus zinnern Destillirblasen mit zinnern Helmen und Kühlröhren. Die fremdartigen schleimigen Theile und andre Unreinigkeiten, welche einer oder der andre Essig eingemengt halten kann, bleiben hiebey im Destillirgeschirr zurück, wogegen die reine wahre Essigsäure in Verbindung mit der Wäßrigkeit in die Vorlage übergehet, und nun als destillirter Essig erscheint, der keiner Verderbniß mehr unterworfen ist. Die hiezu erforderlichen Manipulationen werde ich anderwärts weitläuftiger beschreiben, wenn von den zusammengesetzten Essigen gehandelt werden wird.

# Funfzehnter Abschnitt.

## Von den Kennzeichen der Güte und Aechtheit des Essigs, von dessen möglicher Verfälschung, und von den Mitteln, den Essig zu prüfen und dessen Verfälschung zu erforschen.

## Erste Abtheilung.

### Von den Kennzeichen und Eigenschaften eines guten Essigs.

§. 531.

So wie der Essig im Handel vorkommt, es mag Weinessig, Obstessig, Zuckeressig oder irgend eine andere Art der früher beschriebnen Essige seyn, wird derselbe **roher Essig** genannt; er unterscheidet sich hiedurch von dem **destillirten Essig**, dessen Darstellung weiterhin beschrieben werden soll. Da der **rohe Essig** vorzüglich einen diätetischen Gegenstand ausmacht, der zur Zubereitung der Nahrungsmittel in den bürgerlichen Haushaltungen verwendet wird, so ist es unumgänglich nothwendig, dahin zu sehen, daß solcher nicht, sey es absichtlich oder aus Unwissenheit, durch fremdartige Beymischungen verfälscht worden ist, die solchen der Gesundheit nachtheilig machen.

§. 532.

Die gute Beschaffenheit eines solchen Essigs, wird theils durch Farbe, Geschmack und Geruch desselben, theils aber auch durch eine chemische Prüfung desselben erkannt und ausgemittelt. Der vollkommen gute Essig muß einen mäßig sauren Geschmack besitzen; sich durch einen eigenthümlichen geistigsauren und balsamischen Geruch auszeichnen; wenn die Lippen damit bestrichen werden, nach dem Verdunsten kein Jucken oder Brennen derselben zurücklassen; und, er sey wasserklar oder weingelb von Farbe, so muß er doch allemal vollkommen klar und durchsichtig seyn.

---

## Zweyte Abtheilung.

### Von den Verfälschungen des Essigs.

§. 533.

Die Gewinnsucht hat mancherley Mittel ausfindig zu machen gewußt, um den Essig damit zu verfälschen, und demselben Eigenschaften zu ertheilen, die derjenige, welcher keine hinreichende Kenntniß davon besitzt, leicht für Beweise einer besondern Güte desselben anzunehmen bewogen wird.

§. 534.

Dergleichen verfälschende Zusätze bestehen entweder in wohlfeilern mineralischen Säuren, als in Schwefelsäure, in Salpetersäure und in Kochsalzsäure; oder in scharfen Substanzen, als in Bertramswurzel, in spanischem Pfeffer, in gemeinem Pfeffer und in Seidelbastrinde. Alle diese Zusätze haben die Eigenschaft, dem Essig eine scheinbare Schärfe zu ertheilen, die man für eine vorzügliche Güte des Essigs hält, wenn gleich ein solcher verfälschter Essig oftmals nichts weniger als reichhaltig an wahrer Essigsäure ist.

§. 535.

Ueberdies sind dergleichen Beymischungen, die nicht zum Wesen des Essigs gehören, der Gesundheit nachtheilig, und die Künste und Manufakturen, welche einen solchen Essig gebrauchen wollen, sind damit betrogen, weil sie fremdartige wohlfeilere mineralische Säuern statt des theuern Essigs bezahlen müssen, die den vom reinen Essig zu erwartenden Erfolgen, völlig entgegengesetzt wirken.

§. 536.

Ein Pfund concentrirte Schwefelsäure (Vitriolöl), welches sechs Groschen kostet, liefert, wenn solches mit zwanzig Pfünd Wasser verdünnt wird, ein saures Fluidum, das schärfer als der stärkste Weinessig ist. So liefert ein Pfund Salpetersäure (Scheidewasser), welches zwölf Groschen kostet, mit zwanzig Pfund Wasser verdünnt, gleichfalls ein sehr starksaures Fluidum; und ein Pfund Salzsäure, welches sechs Groschen kostet, kann wenigstens zwölf Pfund Wasser sehr sauer machen. Da indessen alle jene Zusätze auf Betrügerey hinauslaufen, so müssen solche genau ausgemittelt werden. Die wahre Güte und Stärke eines reinen Essigs, muß allein von der Reichhaltigkeit der darin vorhandenen wahren Essigsäure abhängen, ohne daß ein fremdartiges scharfes Mittel in demselben enthalten ist.

---

# Dritte Abtheilung.

## Von der Art und Weise, den Essig zu prüfen.

§. 537.

Das Erste, worauf man bey der Prüfung des Essigs Rücksicht zu nehmen hat, bestehet darin, zu erforschen, ob derselbe nicht mit fremdartigen mineralischen Säuren verfälscht ist. Hiezu müssen folgende Prüfungsmittel bey der Hand seyn: 1) in reinem Essig aufgelöste Bleyglätte oder sogenannte Bleyessig. 2) In Schwefelsäure aufgelöstes Silber, oder schwefelsaures Silber. 3) Sehr reine Salpetersäure. 4) Reines mildes Kali im trocknen Zustande. 5) Mit Lackmus blaugefärbtes Papier, oder Lackmuspapier. Alle diese Materialien kauft man am besten aus einer Apotheke, woselbst sie vorräthig zu seyn pflegen; und mit ihnen kann nun die Prüfung des Essigs folgendermaßen veranstaltet werden.

### a. Prüfung auf Schwefelsäure.

§. 538.

Man gieße ohngefähr zwey Loth des zu prüfenden Essigs in ein Weinglas, und tröpfle 60 Tropfen Bleyessig hinzu. Es wird hiebey entweder ein weißer Niederschlag erfolgen, oder die Flüssigkeit wird klar bleiben. Erfolgt kein Niederschlag, so ist dieses schon ein hinreichender Beweis, daß keine Schwefelsäure im Essig enthalten ist. Erfolgt aber ein Niederschlag, so muß nun untersucht werden, ob derselbe etwa von dem im Essig enthaltenen Weinstein abhängig ist, den jeder ächte Weinessig gelöst enthält? oder ob solcher von beygemengter Schwefelsäure abstammte. Zu dem Behuf gießt man nun ohngefähr 100 Tropfen reine Salpetersäure hinzu. Verschwindet der Niederschlag hiedurch, und nimmt der vorher getrübte Essig seine klare Beschaffenheit wieder an, so war der Essig frey von Schwefelsäure. Enthält der Essig aber wirklich Schwefelsäure eingemengt, so bleibt auch nach dem Zusatz der Salpetersäure der Niederschlag unaufgelöst.

### b. Prüfung auf Salpetersäure.

### §. 539.

Man gieße ohngefähr zwey Loth des zu prüfenden Essigs in ein Weinglas. Man trage nun so oft eine kleine Portion trocknes mildes Kali hinzu, bis kein Aufbrausen der Flüssigkeit mehr statt findet, und ein Stückchen hineingetauchtes blaues Lackmuspapier nicht davon roth gemacht wird. Man verdunste nun das Fluidum in einer porzellanenen Tasse, auf einem geheitzten Stubenofen völlig zur Trockne. Nun streue man von der trocknen zerriebenen Salzmasse etwas auf eine vollkommen glühende Kohle. Wenn der Essig mit Salpetersäure verfälscht war, so wird das auf die glühende Kohle gestreuete Salz mit einem knisternden Geräusch verbrennen. Verbrennt dasselbe aber ohne Geräusch, unter Ausstoßung eines nach verbranntem Zucker riechenden Dampfes, so war der Essig rein und frey von beygemengter Salpetersäure, und muß nun als brauchbar anerkannt werden.

c. Prüfung auf Kochsalzsäure.

§. 540.

Man gieße ohngefähr zwey Loth des zu prüfenden Essigs in ein Weinglas, und bringe 20 Tropfen schwefelsaures Silber hinzu. Sollte der Essig mit Kochsalzsäure verfälscht seyn, so wird augenblicklich ein weißer flockiger Niederschlag zu Boden fallen; wo nicht, so wird der Essig durch die Silberauflösung keine Veränderung erleiden. Freylich werden dieselben Erscheinungen eintreten, wenn der Essig auch keine Kochsalzsäure, sondern wirkliches Küchensalz aufgelöst enthält; aber auch dieses gehört nicht in einen guten reinen Essig.

d. Prüfung auf ätzende Beymischungen.

§. 541.

Man gieße etwa zwey Loth des zu prüfenden Essigs in eine porzellanene Tasse, und lasse denselben so weit abdunsten, daß nur noch eine geringe Quantität einer braunen Flüssigkeit übrig bleibt. Wer den Essig mit irgend einem scharfen oder ätzenden Material verfälscht, so wird sich dieser Rückstand durch einen scharfen brennenden Geschmack auszeichnen. Ist dessen Geschmack aber bloß säuerlich, ohne scharf und brennend auf der Zunge zu seyn, so war der Essig rein. Man kann jene Prüfung auch dadurch veranstalten, daß man sich die Oberlippe mit einem Essig von bekannter Reinheit, die Unterlippe hingegen mit dem zu prüfenden Essig bestreicht, und nun beyde trocknen läßt.

War der zu prüfende Essig mit einer ätzenden Materie verfälscht, so wird man an der Unterlippe noch lange nachher ein Brennen und Jucken empfinden, wogegen dieses an der mit reinem Essig bestrichenen Oberlippe nicht bemerkt wird.

## c) Prüfung auf die Stärke, oder den Gehalt an Säure.

### §. 542.

Um die Stärke des Essigs, nemlich seine Reichhaltigkeit an Säure zu prüfen, bedient man sich am zuverlässigsten einer Sättigung desselben mit dem trocknen milden Kali. Zu dem Behuf füllet man vier Loth des zu prüfenden Essigs in ein etwas großes Weinglas, und trägt nach und nach bey kleinen Portionen trocknes mildes Kali hinzu. Es wird bey jedem neuen Zusatz desselben ein Aufbrausen erfolgen, und man muß die Masse mit einem gläsernen Stäbchen so lange umrühren, bis alles Kali aufgelöst ist. So fährt man mit dem Zusatz des Kali so oft fort, bis zuletzt der Essig vollkommen damit gesättiget ist: nemlich, bis beym fernern Zusetzen des Kali zum Essig kein Aufbrausen mehr erfolgt, bis ein in die Flüssigkeit gelegtes Stückchen blaues Lackmuspapier nicht mehr geröthet, und ein hineingetauchtes Stückchen gelbes Kurkumepapier nicht braun gemacht wird, das heißt, bis der Essig vom Kali vollkommen gesättiget worden ist. War der geprüfte Essig von guter Beschaffenheit, so werden wenigstens 60 Gran oder ein Quentchen vom Kali erforderlich seyn, um vier Loth des Essigs vollkommen damit zu sättigen. Gebraucht der Essig mehr vom Kali, so ist seine Güte um so besser; je weniger derselbe aber vom Kali erfordert, um gesättiget zu werden, um so schlechter ist seine Beschaffenheit, um so weniger reichhaltig ist derselbe an wahrer Essigsäure, oder um so mehr ist diese darin mit wäßrigen Theilen gemengt. Daß man übrigens einen solchen Essig vorher auf fremdartige Säure geprüft haben muß, um gewiß überzeugt zu sey, daß seine Stärke nur allein von seiner Reichhaltigkeit an reiner Essigsäure abhängig ist, versteht sich von selbst.

# Sechzehnter Abschnitt.

## Von den Mitteln, den schwachen Essig zu verstärken; vom destillirten Essig; und von der reinen Essigsäure.

## Erste Abtheilung.

### Von den Mitteln, einen schwachen Essig zu verstärken.

§. 543.

Die Stärke, so wie die von selbigen abhängende Güte des Essigs nimmt ab, so wie sein Gehalt an eingemengten wäßrigen Theilen zunimmt; und, sie nimmt zu, so wie man dem Essig seine wäßrigen Theile entziehet, ohne seine Säure oder seine sonstige Grundmischung dadurch zu verändern.

§. 544.

Nichts ist einfacher und geschickter, dem Essig seinen Gehalt an Wäßrigkeit zu entziehen, als die Frostkälte. Man füllet den Essig zu dem Behuf in ein hölzernes Faß, oder in einen steinern nicht glasurten Topf, und setzt ihn im Winter der Frostkälte aus, nemlich bey einer Temperatur von 2 bis 3 Grad unter Null nach der Reaumürschen Thermometer-Skale. Nach einem Zeitraum von 24 Stunden findet man die Oberfläche des Essigs mit einer dicken Eisrinde bedeckt, welche keinen sauern Geschmack erkennen läßt.

§. 545.

Bohret man in das Eis ein Loch, so tief bis man auf die Flüssigkeit kommt, und kehrt man das Geschirr alsdann um, indem man dessen Oeffnung über eine hölzerne Wanne hält, so fließt ein sehr starker Essig in das untergesetzte Gefäß ab, und die rückständige Eismasse zeigt nach erfolgtem Aufthauen, daß sie bloß Wasser ist. Wir sehen also hieraus, daß ein Theil der Wäßrigkeit zu Eis gefroren ist, während sich die sauern Theile des Essigs einander mehr genähert haben und flüssig geblieben sind.

§. 546.

Läßt man den einmal gefrornen Essig zum zweytenmal ausfrieren, so erscheint derselbe abermals mit einer Eisrinde bedeckt, und der darunter befindliche noch liquide Essig, ist nun noch reichhaltiger an Säure als der Erste; wogegen der gefrorne Theil nach dem Aufthauen als Wasser zurückbleibt; und so kann, wenn es erforderlich ist, durch ein öfter wiederholtes Ausfrieren des Essigs, dessen Stärke außerordentlich weit getrieben werden: wobey aber zu bemerken ist, daß nach dem Maße, daß man ihm die Wäßrigkeit durchs Ausfrieren entziehet, derselbe auch allemal in seinem Umfange vermindert wird.

# Zweyte Abtheilung.

## Vom destillirten Essig und dessen Zubereitung.

### §. 547.

Der rohe Essig ist keine reine Essigsäure, sondern er enthält außer dieser gemeiniglich noch Aepfelsäure, so wie Weinsteinsäure, auch Weinstein und zuweilen selbst Kleesalz eingemengt, die der sauern Fermentation entgangen sind. Außerdem findet derselbe sich auch mit Schleimtheilen gemengt. Diese letztern insbesondere, so wie auch der Weinstein, welcher im rohen Weinessig, so wie der Gluten, welcher in den Getraideessigen enthalten zu seyn pflegt, machen ihn zur faulen Gährung und der davon abhängenden Verderbniß geneigt.

### §. 548.

Alle jene fremdartigen nicht zum Wesen des Essigs gehörigen Materien, können daraus abgesondert werden, wenn man denselben einer Destillation unterwirft: die wahre Essigsäure, so wie die wäßrigen Theile, werden dabey verflüchtiget, und gehen in die Vorlage über, wogegen die beym Siedepunkte des Wassers nicht flüchtigen Theile, wohin alle übrige oben genannte gehören, im Destillirgeschirr zurückbleiben.

### §. 549.

Soll die Destillation des Essigs veranstaltet werden, so bedient man sich dazu einer gewöhnlichen Destillirblase von Kupfer, die aber inwendig so stark wie möglich verzinnt seyn muß. Kann man eine gegossene ganz zinnerne Blase dazu anwenden, so ist es desto besser, weil man dann vor jeder Gefahr und Verunreinigung gesichert ist, welche durch das im Essig leicht auflösliche Kupfer veranlasset werden könnte. Auf jeden Fall muß aber der Destillirhut und das Kühlrohr vom reinsten englischen Zinn verfertigt seyn.

§. 550.

Um die Destillation des Essigs zu beginnen, füllet man die Destillirblase so weit mit dem rohen Essig an, daß nur der achte Theil ihres innern Raumes leer bleibt, man setzt dem Essig für jedes Quart ein halb Loth gut ausgeglühete gestoßene Kohle zu, rührt diese mit dem Essig recht wohl untereinander, und setzt nun den Destillirhut auf, dessen Fugen durch einen darüber geschlagenen mit einem aus Mehl und Wasser angekneteten Teig bestrichenen Paplerstreif verklebt werden müssen. Man legt nun eine Vorlage vor den Schnabel des Kühlrohrs, und verrichtet nun die Destillation bey nach und nach verstärktem Feuer, so daß der Essig in dünnen Strömen, die kalt sind, in die Vorlage übergehet, bis nur noch der zwölfte Theil des Essigs im Destillirgeschirr übrig ist: weil eine weiter fortgesetzte Destillation den Rückstand zerstören und den destillirten Essig brenzlich machen würde. *)

*) Der Zusatz von Kohle geschiehet vorzüglich aus dem Grunde, um das brenzlich werden des Essigs zu verhüten. Sie hat aber auch noch einen zweyten Vortheil, nemlich den, dem rohen Essig seinen rohen Geruch zu rauben, und dem Destillat einen reinen Geruch zu ertheilen.

§. 551.

Der in der Vorlage aufgefangene destillirte Essig erscheint jetzt vollkommen farbenlos, und so durchsichtig, wie reines Wasser. Seine Stärke oder Reichhaltigkeit abgerechnet, ist derselbe sich vollkommen gleich, er mag aus ächtem Weinessig, aus künstlichem Weinessig, aus Beten- und Rübenessig, oder aus Getraideessig zubereitet worden seyn. Er ist in der Regel schwächer als der dazu verwendete rohe Essig, weil ein Theil der stärkern Säure im Destillirgeschirr zurückbleibt; er macht dagegen eine Verbindung der reinsten Essigsäure mit reinem Wasser aus, und es ist bloß nöthig, die wäßrigen Theile daraus abzusondern, um nun die reinste Essigsäure in ihrem koncentrirtesten Zustande daraus darzustellen.

## Verstärkung des destillirten Essigs.

§. 552.

Um den destillirten Essig zu verstärken, nemlich um demselben die überflüssige Wäßrigkeit zu entziehen, und seine Säure in der koncentrirtern Beschaffenheit darzustellen, können zwey verschiedene Wege eingeschlagen werden: 1) Das Ausfrieren der wäßrigen Theile, ganz nach derselben Art, wie solches beym rohen Essig beschrieben worden ist; 2) die Sättigung desselben mit einer neutralisirenden Substanz, und die Zerlegung der neutralen Flüssigkeit durch Schwefelsäure, in deren Vermengung solche destillirt wird.

§. 553.

Um diese letztgenannte Verstärkung des Essigs zu veranstalten, wird folgendermaßen operirt. Sechzehn Pfund trockne gepulverte Kreide übergießt man in einem zinnern Kessel nach und nach mit so viel destillirtem Essig, als erforderlich ist, die Kreide vollkommen aufzulösen, und den Essig zu neutralisiren, wobey man die Einwirkung des Essigs auf die Kreide durch die Wärme unterstützt, indem die Flüssigkeit im Kessel erhitzt wird. Die Essigsäure verbindet sich hiebey mit der Kalkerde der Kreide, und die Kohlenstoffsäure, welche solche vorher gebunden enthielt, wird gasförmig daraus entwickelt.

§. 554.

Ist jene Sättigung vollendet, so wird die neutrale Flüssigkeit durch Leinwand filtrirt, und nun das Ganze bis auf 40 Pfund abgedunstet. Man fülle nun jenes Fluidum in eine zinnerne Destillirblase mit kupfernem Boden, man setze 12 Pfund koncentrirte Schwefelsäure (Vitriolöl) hinzu, die vorher mit 8 Pfund Wasser verdünnet worden war, und destillire nun, nachdem der Helm aufgesetzt, sein Schnabel mit dem Kühlrohr verbunden und eine Vorlage vorgelegt worden ist, alles bis zur Trockne des Rückstandes über; und die Vorlage wird nun eine sehr starke und sehr reine Essigsäure enthalten. *)

---

*) Statt der trocknen Kreide kann man sich auch des trocknen milden Kali zur Sättigung des Essigs bedienen. Bearbeitet man kleinere Quantitäten, so kann auch die Destillation nachher aus gläsernen Retorten veranstaltet werden.

§. 555.

Zur Beurtheilung desjenigen, worauf jene Verstärkung des Essigs gestützt ist, muß ich noch folgendes bemerken: Der destillirte Essig enthält sehr viele wäßrige Theile eingemengt, welche dessen Säure schwächen und verdünnen. Die Kreide, welche aus Kalkerde und Kohlenstoffsäure zusammengesetzt ist, giebt ihre Kalkerde bey jener Sättigung des Essigs an die Essigsäure ab, die damit essigsaure Kalkerde erzeugt, welche nun nicht mehr in der Wärme flüchtig und destillirbar ist. Die Kohlenstoffsäure hingegen, wird als kohlenstoffsaures Gas mit Brausen entwickelt. Wird nun die neutrale oder satturirte Flüssigkeit bis auf 40 Pfund abgedunstet, so entweicht das überflüssige Wasser derselben, und die essigsaure Kalkerde bleibt nun in einem koncentrirtern Zustande gelöst zurück. Kommt dagegen die Schwefelsäure hinzu, so verbindet dieselbe sich, vermöge der größern chemischen Anziehung mit der Kalkerde, und erzeugt damit schwefelsaure Kalkerde (Gips), der wegen seiner schweren Lösbarkeit sich aussondert, wogegen nun die dadurch frey gewordene koncentritere Essigsäure, in Verbindung mit der noch übrigen Wäßrigkeit in die Vorlage überdestillirt.

§. 556.

Sonst kann man auch dadurch den destillirten Essig stark und rein erhalten, daß man dem rohen Essig durch ein öfter wiederholtes Ausfrieren seine wäßrigen Theile entziehet, und nun den ausgefrornen rohen Essig mit einem Zusatz von Kohle überdestillirt, da dann der Zweck gleichfalls sehr gut erreicht wird. Eine solche starke und reine Essigsäure ist vorzüglich erforderlich, um einige der weiterhin zu erwähnenden aromatischen Essige damit zu fabriciren.

---

# Dritte Abtheilung.

## Von der reinen Essigsäure und ihrer Darstellung.

### §. 557.

Jener verstärkte destillirte Essig ist zwar viel reiner und reichhaltiger an wahrer Essigsäure, als der gewöhnliche destillirte Essig, aber derselbe enthält noch viel zu viel wäßrige Theile eingemengt, um als reine Essigsäure passiren zu können: denn um als solche zu erscheinen, müssen dem Essig alle noch inhärirende Wassertheile vollkommen entzogen werden, und hiezu ist folgende Operation nothwendig.

### §. 558.

Man übergieße eine beliebige Portion, z. B. 10 Pfund, völlig reines kohlenstoffsaures Natron (gereinigte Soda) in einem zinnern Kessel mit 12 Quart destillirtem Essig. Man erhitze die Flüssigkeit bis zur erfolgten Auflösung des Salzes, und bis das entstehende Aufbrausen nachgelassen hat. Man gieße hierauf von Zeit zu Zeit mehr Essig hinzu, bis zuletzt alles Natron vollkommen gesättiget ist, welches man daraus erkennt, daß hineingetauchtes Lackmuspapier nicht mehr geröthet, und Kurkumepapier nicht braun gemacht wird, nemlich, daß weder freye Säure noch freyes Natron darin vorwaltet. *).

§. 559.

Man filtrire nun die gesättigte Flüssigkeit, und dunste solche nach und nach, zuletzt so langsam wie möglich, zur völligen Trockne ab: sie wird nun ein trocknes essigsaures Natron darstellen, das in diesem Zustande aus reinem trocknen Natron und aus reiner wasserfreyer Essigsäure zusammengesetzt ist. Es dienet nun dazu, um die wasserfreye Essigsäure daraus abzusondern, und solche in diesem Zustande in Anwendung zu setzen.

§. 560.

Um jenes Salz zu zerlegen und die reine wasserfreye Essigsäure daraus abzuscheiden, zerreibe man 10 Pfund desselben zum feinsten Pulver, und setze diesem ein Pfund gleichfalls sehr fein gepulverten Braunstein zu. Man menge beyde Theile recht wohl untereinander, schütte das Gemenge in eine hinreichend große gläserne Retorte, und gieße nun, mittelst einem langen etwas krum gebogenen Schnabel versehenen Trichters von Glas, 6 Pfund starkes reines Vitriolöl hinzu. Man schüttle alles recht wohl untereinander, lege eine gläserne Vorlage vor die Retorte, und die Retorte selbst mit ihrer Kugel in ein

*) Man kauft das reine kristallisirte Natron in der chemischen Fabrike zu Schönebeck bey Magdeburg zu sehr billigen Preisen, sonst kann man solches auch von den Drognisten und aus den Apotheken ankaufen.

Sandbad. Man gebe nun dem Sandbade Feuer, und destillire die Flüssigkeit bey nach und nach immer mehr verstärktem Feuer so weit über, bis nichts Flüchtiges und Dunstförmiges mehr in die Vorlage übergehet. Nach so beendigter Operation findet man in der Vorlage 6 bis 8 Pfund reine koncentrirte Essigsäure, und in der Retorte bleibt ein Gemenge von schweflsauren Natron und schwefelsauren Braunstein zurück, welches weiter keinen Werth besitzt.

## §. 561.

Die auf diesem Wege gewonnene reine concentrirte und wasserfreye Essigsäure, welche auch wol Essigalkohol genannt wird, zeichnet sich durch einen äußerst scharfen, auf der Zunge kaum leidbaren sauren Geschmack aus. Sie besitzt einen sehr flüchtigen angenehm erquickenden Geruch. Sie ist völlig durchsichtig und farbenlos. Sie wird weder durch die essigsaure Bleyauflösung noch durch schwefelsauer Silber getrübt, ein Beweis, daß solche keine fremdartige Säure eingemengt enthält. Mit Wasser verdünnet liefert sie wieder einen schwächern Essig.

## Siebenzehnter Abschnitt.

Von den zusammengesetzten oder aromatischen Essigen und von deren Zubereitung.

§. 562.

Unter zusammengesetzten oder aromatischen Essigen, werden hier alle diejenigen begriffen, in welchen der Essig mit den aromatischen Bestandtheilen, so wie den ätherischen Oelen verschiedener riechbaren und gewürzhaften Vegetabilien verbunden worden ist. Sie können billig in einfache und in gemischte; und diese wieder in solche, die zum Gebrauch der Speisen, und solche, die als Parfümerien angewendet werden; ich werde solche daher unter besondern Abtheilungen näher beschreiben.

### Erste Abtheilung.

Fabrikation der einfachen aromatischen Essige, zum Gebrauch an Speisen.

§. 563.

Die einfachen aromatischen Essige, welche zum Gebrauch der Küche bestimmt sind, verfertiget man, indem die dazu bestimmten gewürzhaften Vegetabilien mit dem

Essig übergossen, und bis zur erfolgten Extraktion der ausziehbaren Bestandtheile, bey einem erforderlichen Grade der Temperatur damit behandelt werden. Eine allgemeine Regel bey der Fabrikation solcher Essige, bestehet darin, 1) daß man die dazu bestimmten Pflanzen nicht eher einsammlet, als bis solche in ihrer vollsten Kraft sind, und denjenigen Zustand besitzen, in welchem sie am reichlichsten mit aromatischen Bestandtheilen beladen sind; 2) daß man sie von den unnützen Stielen und holzigen Theilen absondert; 3) daß alle etwa kranke oder verdorbne Theile möglichst genau davon hinweggeschafft werden; 4) daß man solche an der warmen Luft oder in einer geheitzten Stube völlig austrocknen läßt, um die ihnen inhärirenden Theile der Feuchtigkeit daraus hinwegzuschaffen. 5) Daß man die zur Infusion bestimmten Vegetabilien vorher zerschneidet, um selbigen mehrere Berührungspunkte mit dem darauf wirkenden Essig zu ertheilen. Als Beyspiele von der Fabrikation solcher einfachen Tafelessige, mögen nun folgende dienen.

## §. 564.
## Vinaigre d'Estragon.
## (Essig vom Kayser-Sallat.)

In einer gläsernen Flasche mit hinreichend weiter Halsöffnung, übergießt man 2 Pfund reines trocknes Dragonkraut, in klein zerschnittenen Zustande, mit 6 Quart guten farbenlosen Weinessig oder einem hinreichend reinen und starken Essig. Man schüttelt alles wohl untereinander, bindet die Flasche mit nasser Blase zu, und setzt solche nun dem Sonnenschein, oder der mäßigen Wärme einer geheitzten Stube, die jedoch nicht über 16 bis 17 Grad Reaumür betragen darf, aus. Man läßt den Aufguß während einem Zeitraume von 14 Tagen mazeriren, während welcher Zeit die Flasche täglich einmal wohl umgeschüttelt wird. Man gießt hierauf die Flüssigkeit ab, presset den Rückstand in einer zinnernen Presse, nachdem solcher vorher in Leinwand gebunden worden ist, recht wohl aus, filtrirt das gesammte Fluidum durch Druckpapier, und verwahret den erhaltenen Essig in gut verschloßnen gläsernen Flaschen an einem kühlen Orte.

## §. 565.
## Vinaigre Sureau.
## (Fliederblumen = Essig.)

Man sammlet zu dem Behuf die Fliederblumen in dem Augenblick, da solche im Aufbrechen begriffen sind. Man trocknet selbige in der Luft, pflückt sie sorgfältig von den Stielen ab, und übergießt 2 Pfund derselben in einer gläsernen Flasche mit 6 Quart gutem stärken Essig, unterhält das Ganze, während einem Zeitraum von 14 Tagen, in Mazeration, presset hierauf den Rückstand aus, filtrirt den erhaltenen Essig, und verwahrt ihn zum Gebrauch.

## §. 566.
## Vinaigre Rosat.
## (Rosen = Essig.)

Man pflücket rothe Rosen in dem Augenblick, da selbige sich entfalten wollen. Man sondert die Blumenblätter von dem Kelche behutsam ab, übergießt 2 Pfund derselben in einer gläsernen Flasche mit 6 Quart starkem, farbenlosen Weinessig, erhält das Ganze 10 Tage lang in Mazeration, gießt dann die Flüssigkeit durch, presset den Rückstand aus, filtrirt den erhaltenen Essig, und verwahrt solchen zum Gebrauch. Dieser Essig zeichnet sich sowohl durch eine angenehme Farbe als einen angenehmen Geschmack und Geruch aus.

§. 567.

Vinaigre de Citron.

(Citronen-Essig.)

Man reibe das Gelbe von einigen Citronen mit einem feinen Reibeisen ab. Man übergieße vier Loth desselben in einer gläsernen Flasche mit einem Quart starken, farbenlosen Weinessig, lasse solches während einem Zeitraum von 48 Stunden damit mazeriren, filtrire das Fluidum, und hebe den Essig zum Gebrauch auf.

§. 568.

Vinaigre d'Orange.

(Orangen-Essig.)

Man reibe das Gelbe von einigen reifen Pommeranzen mit einem feinen Reibeisen ab, übergieße 4 Loth desselben in einer gläsernen Flasche mit einem Quart reinen, starken Weinessig, erhalte dasselbe 48 Stunden lang in Mazeration, filtrire das Fluidum, und verwahre den Essig zum Gebrauch.

§. 569.

Vinaigre de fleurs d'Orange.

(Orange-Blüten-Essig.)

Man sammle die Orangenblüten in dem Augenblick, da solche aufbrechen wollen, sondre die Blätter von den Kelchen sorgfältig ab, übergieße sechs Loth derselben in einer

gläser-

gläsernen Flasche mit einem Quart farbenlosem Weinessig, erhalte das Ganze während 48 Stunden in Mazeration, filtrire das Fluidum, und hebe den Essig zum Gebrauch auf.

---

# Zweyte Abtheilung.

## Fabrikation der einfachen aromatischen Essige, zum Gebrauch an Speisen, nach verbesserter Art.

### §. 570.

### Vinaigre d'Estragon blanc.

In einer gläsernen Retorte übergieße man 3 Pfund Dragunkraut im frischen ungetrockneten Zustande, mit 3 Quart rohem, durch den Frost verstärkten Essig, nebst einem halben Quart Wasser. Man erhalte das Ganze während 24 Stunden, in gelinder Digestion, und destillire hierauf, nachdem eine Vorlage angelegt worden, 3 Quart Flüssigkeit über. Das Destillat ist der verlangte Vinaigre d'Estragon im farbenlosen wasserklaren Zustande.

### §. 571.

### Vinaigre Sureau blanc.

Man übergieße 3 Pfund frische noch nicht getrocknete Fliederblumen, in einer gläsernen Retorte, mit 3 Quart durch den Frost verstärkten Essig, und einem halben Quart Wasser. Man ziehe nach einer zwölfstündigen Digestion 3 Maaß Flüssigkeit über. Sie stellt nun den verlangten Essig dar, der zum Gebrauch aufbewahrt wird.

## §. 572.
### Vinaigre Rosat blanc.

Zu dessen Darstellung werden 3 Pfund frisch abgepflückte Blumenblätter der rothen Rosen, mit 3 Quart durch den Frost verstärkten Essig, und einem halben Quart Wasser, in einer Retorte übergossen, und nach einer zwölfstündigen Digestion 3 Quart Flüssigkeit übergezogen, welche nun den verlangten weißen Rosenessig darstellet.

## §. 573.
### Vinaigre de Citron blanc.

Man reibe 2 Loth des feinsten weißen Zuckers in einer gläsernen Schale, mit 60 Tropfen ächtem italiänischen Citronenöl ab. Man löse den daraus entstandenen Oelzucker in einem Quart des durch den Frost verstärkten destillirten Essigs auf, filtrire die Auflösung, und verwahre das klare Fluidum zum Gebrauch.

## §. 574.
### Vinaigre d'Orange blanc.

Man übergieße in einer gläsernen Retorte 1 Pfund frisch abgepflückte Blumenblätter der Orangenblüte, mit 3 Quart rohen durch den Frost verstärkten Essig, und einem halben Quart Wasser. Man ziehe 3 Quart Flüssigkeit durch die Destillation über, und verwahre das Destillat zum Gebrauch.

# Dritte Abtheilung.

## Fabrikation der zusammengesetzten aromatischen Essige, zum Gebrauch an Speisen.

§. 575.

Zu den zusammengesetzten aromatischen Essigen, welche zum Würzen der Speisen angewendet werden, gehören diejenigen, in welchen die gewürzhaften Stoffe aus mehrern Vegetabilien in eine gemeinschaftliche Verbindung mit dem Essig gesetzt worden sind. Nach der verschiedenen Natur der Ingredienzen, können dergleichen Essige bald zum Gebrauch der Küche, bald zu Parfümerieen angewendet werden. Als Beyspiele der Erstern, mögen folgende dienen.

§. 576.

Vinaigre composè pour la Salade.

(Zusammengesetzter Sallat-Essig.)

Man wählet Dragunkraut, Pfefferkraut, Charlottenzwiebeln und Knoblauch, von jeden 6 Loth; ferner Krausemünze und Citronenschalen, von jedem 1 Loth. Man verkleinert obige Substanzen, übergießt sie in einer gläsernen Flasche mit 6 Quart gutem starken Weinessig, läßt solches 14 Tage lang mazeriren, gießt dann das Flüssige ab, preßt den Rückstand aus, und filtrirt das ausgepreßte Fluidum, welches sodann zum Gebrauch aufbewahrt wird.

§. 577.

Vinaigre composè pour la Salade blanc.

Man gewinnt diesen Essig, wenn die oben genannten Materialien nach dem doppelten Gewicht angewendet, nach dem Verkleinern in einer Retorte mit 4 Quart durch den

Frost verstärkten rohen Essig und einem Quart Wasser übergossen, und 4 Quart Flüssigkeit übergezogen werden.

§. 578.

Vinaigre d'Orange composè pour la Salade.

Man menge zwey Theile weißen Orangenessig mit einem Theil weißen Citronenessig, nebst Estragonessig, Fliederessig und Rosenessig, alle von den destillirten Arten, von jedem einen halben Theil zusammen, und verwahre das Fluidum zum Gebrauch.

---

# Vierte Abtheilung.

## Fabrikation der einfachen und zusammengesetzten aromatischen Essige, zum Gebrauch als Parfümerien.

§. 579.

Vinaigre de Lavande.

(Lavendul-Essig.)

Ein halb Pfund frisch getrocknete, von den Stengeln befreyete Lavendulblüten, werden in einer gläsernen Flasche mit 4 Quart gutem Weinessig übergossen. Man läßt das Ganze 8 Tage lang mazeriren, worauf die Flüssigkeit durchgegossen, der Rückstand ausgepreßt, und das Fluidum filtrirt wird. *)

*) Ganz nach derselben Art kann auch ein solcher Essig aus Rosmarin und aus andern riechbaren Vegetabilien zubereitet werden.

## §. 580.

### Vinaigre de Lavande blanc.

In einer gläsernen Retorte mengt man 4 Quart durch den Frost verstärkten rohen Essig, mit einem Loth ächten Lavendulöl und einem halben Quart Wasser. Man legt eine Vorlage vor, und destillirt aus dem Sandbade 4 Quart Flüssigkeit über, welche den verlangten Essig darstellen.

## §. 581.

Auf eine gleiche Art können verfertiget werden: ein Vinaigre de Rosmarin blanc, wenn das ächte Rosmarinöl; ein Vinaigre de Bergamotte blanc, wenn das italiänische Bergamottöl, in gleichem Verhältniß wie das Lavendulöl mit dem Essig über destillirt werden. Eben so gewinnt man einen Vinaigre de Geroffle blanc, wenn 4 Quart roher durch den Frost verstärkter Essig, mit einem halben Loth ächten Nelkenöl überdestillirt werden.

## §. 582.

### Vinaigre sans pareille.

In einer Retorte menge man 1 Loth Bergamottöl, 6 Quentchen Citronenöl, 2 Loth Rosmarinöl und 6 Gran Bisam wohl untereinander. Man gieße 4 Quart durch den Frost verstärkten Essig nebst einem halben Quart Wasser hinzu, und ziehe 4 Quart Flüssigkeit in die Vorlage über, die nun einen überaus angenehm riechenden aromatischen Essig darstellt.

## §. 583.

### Vinaigre radicale Camphorèe.

In einer gläsernen Retorte übergieße man 1 Loth mit etwas zugesetztem Weingeist in Pulver zerriebnen Kampher, mit einem halben Loth Nelkenöl und 8 Loth reiner concentrirter Essigsäure. Man ziehe das Ganze zur Trockne über, scheide den nicht aufgelösten Kampher von der übergegangnen Flüssigkeit, und hebe die Letztere zum Gebrauch auf.

## §. 584.

### Vinaigre des Quatre-Voleurs.

In einer gläsernen Flasche werden Wermut, Rosmarin, Salbey, Krausemünze, Raute, von jedem 3 Loth, Lavendulblumen 4 Loth, Knoblauch, Kalmuswurzel, Zimmt, Nelken und Muskatennüsse, von jedem ein halb Loth, im klein zerschnittnen und zerstoßnen Zustande, mit 4 Quart guten starken farbenlosem Essig übergossen, die Flasche mit nasser Blase verschlossen, alles 4 Wochen lang in Mazeration erhalten, hierauf aber das Flüssige ausgepreßt. Nachdem der Essig filtrirt worden ist, wird demselben ein Loth Kampher zugesetzt, der vorher in Weingeist aufgelöst war, und nun der Essig zum Gebrauch aufbewahrt.

# Achtzehnter Abschnitt.

## Von der Nutzanwendung des Essigs in der Haushaltung, in den Künsten und Manufakturen, und als ein Mittel zur Reinigung der verdorbnen Luft.

# Erste Abtheilung.

## Nutzanwendung des Essigs in der Haushaltung.

§. 585.

Der Essig wird in den Haushaltungen sehr häufig als ein fäulnißwidriges Mittel angewendet, um frisches Fleisch damit zu säuern und denselben einerseits dadurch einen pikanten Geschmack zu ertheilen, andrerseits aber dasselbe vor der faulenden Verderbniß zu bewahren. Man weiß auch in der That, daß die animalischen Substanzen insgesammt eine große Neigung zur Fäulniß besitzen, daß sie durch eben dieses Bestreben sehr bald ihren natürlichen Zusammenhang verlieren, einen widrigen Geruch und Geschmack annehmen, und daß ein guter mäßig starker Essig jene Zufälle theils aufzuhalten, theils ganz zu vernichten geschickt ist.

§. 586.

Sowohl in größern Küchen als in kleinern bürgerlichen Haushaltungen pflegt man daher Kalbfleisch, Wildpret und andres Fleisch 24 Stunden lang in einen mäßig starken Essig einzulegen, um solches zarter und schmackhafter zu machen, und insbesondre ihm denjenigen widrigen Geschmack und Geruch zu rauben, welchen das Fleisch der Thiere, besonders zur Brunstzeit, besitzt.

§. 587.

Viele Landleute, vorzüglich in den Rheingegenden, wo es Sitte ist, daß mehrere Dorfgemeinden zusammenschlachten, haben daher die Gewohnheit, das Fleisch in saure Milch einzuweichen und solches darin mazeriren zu lassen, und sie erhalten solches durch diese Behandlung eine lange Zeit hindurch wohlschmeckend und ohne Verderbniß. Sie ahnden vielleicht nicht, daß es allein die Essigsäure ist, welche sich aus der sauren Milch bildet und das Fleisch conservirt; und wir sehen also, daß die Behandlung des Fleisches im Essig einen vollkommen gleichen Erfolg gewähren muß.

§. 588.

Einen eben so nützlichen Gebrauch macht man in der Haushaltung von dem Essig zur Conservation der Früchte und Schotengewächse. Den Wohlgeschmack, den fast Jedermann an dergleichen mit Essig behandelten Vegetabilien findet, giebt uns einen deutlichen Beweis, daß der Bedarf saurer Mittel für den Menschen allgemein ist; welches noch mehr dadurch bestätiget wird, daß man gewohnt ist, selbst einige an sich nicht saure Substanzen in den Zustand der Essiggährung übergehen zu lassen, bevor man selbige genießt, wovon der so allgemein beliebte Sauerkohl ein deutliches Beyspiel darbietet.

## §. 589.

Die Anwendung des Essigs zum Einmachen der Capern, der Kirschen, der Schlehen, der Artischocken, der Bohnen, der Champignons, der Pflaumen, der Zwiebeln, der unreifen Aehren vom türkschen Weizen, der rothen Rüben, so wie vielen andern schleimigen Substanzen aus dem Pflanzenreich, um sie dadurch vor dem Austrocknen und der Verderbniß zu schützen, ist hinreichend bekannt. Jene Methode, dergleichen Früchte mit Essig einzumachen, war schon in den frühern Zeiten bekannt, und man war gewohnt, dergleichen mit Essig eingemachte Früchte unter dem Namen der macedonischen Früchte auf die Tafeln zu bringen.

## §. 590.

Wenn man indessen einerseits zugestehen muß, daß der Genuß der mit Essig eingemachten Früchte schon lange als ein Gegenstand des Luxus angesehen werden muß, so muß man andrerseits doch auch zugeben, daß diese Art der Nahrung in gleichem Maße gesund, und sogar manchen scorbutischen und entzündungsartigen Krankheiten vorbeugend ist.

## §. 591.

Wenn dergleichen Substanzen mit Essig eingemacht werden, so schlucken solche weit mehr von denselben in sich, als wenn man sie mit Weingeist übergießt, sie entziehen dem Essig seine Säure, und lassen die Wäßrigkeit von sich, welche sie vorher in ihren markigen Theilen enthielten. Jene Erscheinung ist zu merkwürdig, als daß es nicht interessant seyn sollte, die dabey zum Grunde liegenden Ursachen näher zu entwickeln.

§. 592.

Zur Erklärung jenes Phänomens muß eine allgemein bekannte Erfahrung dabey in Erwägung gezogen werden, die darin bestehet, daß der Essig eben so wie alle übrige Säuern die Eigenschaft besitzen, sich mit den gallertartigen Materien zu vereinigen, und solche zu festerern Substanzen zu verdichten. Nun lehrt aber die Erfahrung, daß alle diejenigen vegetabilischen Substanzen, welche man mit Essig einzumachen pflegt, mehr oder weniger Schleim oder Pflanzengallerte unter ihren Gemengtheilen enthalten; und wir dürfen uns daher gar nicht wundern, wenn wir bemerken, daß die Essigsäure im Essig ihre wäßrigen Theile verläßt, mit welchen solche vorher gemengt war, um sich nun mit den gallertartigen Theilen jener Vegetabilien näher zu verbinden.

§. 593.

Jene Verbindung der Essigsäure mit der Pflanzengallerte der Vegetabilien ist so fest, daß solche durch das Auswaschen mit Wasser nicht davon getrennet werden kann. Sie scheint sich also in einem beynahe ähnlichen Zustande in ihnen zu befinden, wie die Weinsteinsäure im Weinstein, und die Kleesäure im Sauerkleesalz, also im Zustande der chemischen Mischung, daher solche ohne eine wahre chemische Zerlegung jener Substanzen eben so wenig, als aus den eben genannten wesentlichen Pflanzensalzen abgesondert werden kann.

§. 594.

Jene Neigung der sauern Salze, sich mit dem Pflanzenschleim innig zu vereinigen, läßt sich auch aus andere Erscheinungen erweißbar machen. So sehen wir, daß wenn koncentrirte Schwefelsäure in Leinöl gegossen wird, sie sich mit dem darin enthaltenen Pflanzenschleim verbindet, und in dessen Verbindung aus dem Oel abgeschieden wird; und jener verdickte Niederschlag hält die Säure so fest gebunden, daß ohne eine wirkliche chemische Zergliederung solche nicht daraus abgeschieden werden kann.

§. 595.

Analogisch muß es daher erlaubt seyn, den Schluß zu machen, daß es mit dem Einmachen der schleimigen oder markigen Früchte und andrer Vegetabilien im Essig, eine gleiche Bewandniß hat. Wenn aber das markige Wesen jener Substanzen die Säure aus dem Essig in sich nimmt, so muß natürlich derselbe seines vorigen sauern Geschmacks in gleichem Grade beraubt werden, und daß dieses der Fall ist, sehen wir durch die Erfahrung bestätiget.

§. 596.

Aber die Pflanzengallerte ist es nicht allein, welche jene Verändrung durch den Essig erleidet, auch auf die animalische Gallerte übt derselbe eine analoge Wirkung aus. Wir finden dieses an dem Fleische bestätigt, welches im Essig mazerirt worden ist. Dasselbe nimmt einen säuerlichen Geschmack an, welcher durch kein wiederholtes Auswaschen desselben mit Wasser daraus hinweggeschafft werden kann; und die animalische Gallerte scheint sich nun darin in einem ähnlichen Zustande zu befinden, wie die vegetabilischen in den mit Essig eingemachten Früchten.

# Zweyte Abtheilung.

## Nutzanwendung des Essigs, in den Künsten und Manufakturen.

### §. 597.

Auch für die Künste, die Manufakturen, und viele technische Gewerbe, ist der Essig ein unentbehrliches Bedürfniß, und sein Gebrauch für dieselben ist so umfassend, daß ihm der Gebrauch als diätetisches Mittel weit nachgesetzt werden muß.

### §. 598.

So bedienen die Pharmacie und die Arzneykunst sich des Essigs zur Zubereitung der verschiedenen medizinischen Essige, zur Verfertigung des Essigäthers, zur Zubereitung der essigsauren Neutralsalze, der Essighonige und zu einem mannichfaltigen andern Behuf.

### §. 599.

Die Bleyweißfabriken gebrauchen den Essig, um durch dessen Dünste das Bley zerfressen und in Bleyweiß umändern zu lassen; und eben so gebrauchen die Bleyzuckerfabriken den Essig, um darin das Bleyweiß aufzulösen, und durchs Verdunsten und Kristallisiren der Auflösung den Bleyzucker daraus darzustellen.

### §. 600.

Die Metallfabriken gebrauchen den Essig, um die Metalle damit anzusieden, von ihrem Roste zu befreyen, und solche zu poliren: welches vorzüglich in den Blechhämmern, wo Eisen und Kupferblech verzinnet werden sollen, der Fall ist. Aus gleichem Grunde wird derselbe auch in den Münzen zum Ansieden des gemünzten Geldes hin und wieder in Anwendung gesetzt.

§. 601.

Am reichlichsten gebrauchen die Kattun- oder Indiennen-Fabriken den Essig, insbesondre zur Auflösung des gerösteten Eisens, um damit die bey ihnen gebräuchliche Schwarzbeize oder schwarze Eisenbeize zu produciren, welche nichts anders als ein im Essig aufgelöstes Eisen ausmacht, eine Flüssigkeit, der für die Kattun- und Leinwanddruckereien ganz unentbehrlich ist.

§. 602.

Jenes sind ohngefähr die wichtigsten Nutzanwendungen, welche in den Manufakturen und Künsten von dem Essig gemacht werden, es würde mir leicht werden, jene Angaben noch zu vervielfältigen, sie sind aber allein schon hinreichend, um zu beweisen, wie vielfältig und mannigfaltig der Gebrauch des Essigs ist, und wie wichtig daher eine wohl eingerichtete Fabrikation desselben angesehen werden muß.

---

# Dritte Abtheilung.

## Nutzanwendung des Essigs zur Reinigung der verdorbnen Luft.

§. 603.

Der Essig ist von den dunkelsten Zeiten her in der Arzneykunst als ein sehr heilsames Mittel angesehen worden, dem die Aerzte einen ausgedehnten Gebrauch und einen bedeutenden Rang angewiesen haben. Sein allgemeinster

Gebrauch, der jeden Menschen interessiren muß, ist der zum Räuchern der Gefängnisse, der Krankenstuben und Lazarethe, der innern Schiffsräume und aller derjenigen Oerter, wo sich eine verdorbne und durch Krankheitsstoffe verpestete Luft befindet.

§. 604.

Die Art und Weise, wie man den Essig anwendet, um damit zu räuchern, ist oft sehr unzweckmäßig und bedarf daher einer wesentlichen Verbesserung, wenn seine Kräfte nicht zerstöhrt und vernichtet werden sollen, wenn man dadurch nicht die Luft in irgend einem Raume mehr verderben und zur Respiration schädlich machen, als solche verbessern will.

§. 605.

Gemeiniglich hat man die sehr üble Gewohnheit, den Essig, mit welchem man räuchern will, auf eine glühende Kohlenschaufel zu gießen, und so den davon aufsteigenden Dunst in dem Zimmer, welches gereinigt werden soll, sich verbreiten zu lassen; eine Methode, welche sehr nachtheilig ist, weil der Essig durch das glühende Eisen größtentheils zerlegt, und an die Stelle der reinen dunstförmigen Essigsäure, bloß Wasserstoffgas und kohlenstoffsaures Gas entwickelt wird, die beyde nicht geeignet sind, eine unreine Luft zu verbessern.

§. 606.

Weit regelmäßiger operirt man daher, wenn der Essig bloß auf einen nahe zum Glühen erhitzten Ziegelstein oder einen Sandstein gegossen, und so zum Verdampfen gezwungen wird. Sonst ist es auch schon hinreichend, den Essig bloß in verschiedenen Winkeln des Zimmers, auf den Fußboden hinzugießen, da solcher sich denn nach und nach von selbst in Dämpfe auflöst, und so ein Reinigungsmittel für die verdorbne Luft im Zimmer darbietet.

§. 607.

Außerdem, daß der Essigdunst zur Reinigung der von Menschen bewohnten Zimmer mit Nutzen angewendet wird, hat man auch die Bemerkung gemacht, daß diese Reinigung überaus günstig für solche Zimmer ist, in welchen Seidenwürmer kultivirt werden, deren Kränklichkeit oftmals allein der unreinen Luft zugeschrieben werden muß, welche durch ihre eigne Ausdünstung verdorben worden ist.

§. 608.

Die Art und Weise, wie der Essig in allen diesen Fällen wirkt, ist auf die neutralisirende Kraft seines Dunstes gegen alkalische Materien gegründet. Der Schweiß, der faulende Speichel, der Urin in Krankenzimmern und so manche faulende Ausdünstung in derselben, müssen nothwendig die Atmosphäre allmählig verpesten, ihren natürlichen und zuträglichen Gehalt an Sauerstoffgas stöhren, und solche zur Aufnahme der mannigfaltigen Miasmen oder Krankheitsstoff disponiren, und alle diese nachtheiligen Wirkungen werden nun durch den Essigdampf vernichtet.

§. 609.

Tritt nehmlich der Essigdampf mit einer solchen verdorbnen Atmosphäre in Berührung, so bindet derselbe die alkalischen ammonialischen Ausdünstungen, diese werden dadurch niedergeschlagen und ihrer Fähigkeit beraubt; die

Miasmen länger gelöst zu halten. Jene niedergeschlagnen unreinen Dünste, machen nun der hinzutretenden reinen Luft Platz, und die Zimmerluft wird notorisch verbessert.

§. 610.

Aus gleichem Grunde pflegt man auch die Briefe mit Essigdampf zu durchräuchern, welche aus Ländern kommen, wo contagiöse Krankheiten grassiren, um den ansteckenden Krankheitsstoff dadurch zu zerstöhren. In allen diesen Fällen ist es hinreichend, sich eines ganz gewöhnlichen Essigs zu bedienen, der im gemeinen Getraide- oper Bieressig bestehen kann. Will man sich aber des prophylaktischen Essigs dazu bedienen, welcher unter dem Namen des Vinaigre des Quatre - Voleurs bekannt und beschrieben worden ist, so ist es noch besser.

FSC
www.fsc.org
MIX
Papier | Fördert gute Waldnutzung
FSC® C083411

Zeitfracht Medien GmbH
Ferdinand-Jühlke-Straße 7
99095 Erfurt, Deutschland
produktsicherheit@kolibri360.de